熊本海 杨振刚 蒋林树 著

畜禽信息感知、精准饲喂及畜产品溯源专利技术研究

- 奶牛信息感知与精准饲喂相关专利技术
- 生猪信息感知与精准饲喂相关专利技术
- 畜产品溯源相关专利技术
- 其他相关专利技术

中国农业科学技术出版社

图书在版编目（CIP）数据

畜禽信息感知、精准饲喂及畜产品溯源专利技术研究／
熊本海，杨振刚，蒋林树著．—北京：中国农业科学技术
出版社，2016.4
ISBN 978 - 7 - 5116 - 2558 - 8

Ⅰ.①畜…　Ⅱ.①熊…②杨…③蒋…　Ⅲ.①畜禽 -
专利 - 研究　Ⅳ.①S8

中国版本图书馆 CIP 数据核字（2016）第 060140 号

责任编辑　鱼汲胜　褚　怡
责任校对　马广洋

出 版 者　中国农业科学技术出版社
　　　　　　北京市中关村南大街 12 号　邮编：100081
电　　话　(010)82106650(编辑室)　　(010)82106624(发行部)
　　　　　　(010)82109709(读者服务部)
传　　真　(010)82106650
网　　址　http://www.castp.cn
经 销 者　各地新华书店
印 刷 者　北京富泰印刷有限责任公司
开　　本　889mm×1 194mm　1/16
印　　张　13.125
字　　数　280 千字
版　　次　2016 年 4 月第 1 版　2016 年 4 月第 1 次印刷
定　　价　89.00 元

中国农业科学院北京畜牧兽医研究所/北京市奶牛创新团队
阳信亿利源清真肉类有限公司
北京农学院/奶牛营养学北京市重点实验室

《畜禽信息感知、精准饲喂及
畜产品溯源专利技术研究》
课题组

课题组组长

熊本海	中国农业科学院北京畜牧兽医研究所	研究员
杨振刚	阳信亿利源清真肉类有限公司	董事长/经济师
蒋林树	北京农学院/奶牛营养学北京市重点实验室	教授

课题组副组长

马云霞（女）	山东省阳信县科学技术局	局长/经济师
马文健	山东省阳信县畜牧局	局长/高级畜牧师
杨 亮	中国农业科学院北京畜牧兽医研究所	助理研究员

课题组成员（按姓氏笔画排序）

方洛云	王天坤（女）	孙 妍（女）	吕健强
毕 晔（女）	陈继兰（女）	辛海瑞	罗清尧
庞之洪（女）	刘民泽	赵 华（女）	高华杰（女）
唐志文	翟占军	薛夫光	冀荣博
潘晓花（女）	潘佳一		

序

　　农业是国民经济的基础，而畜牧业是农业的主要组成部分。现代畜牧业的发展必须向智能化、数字化装备及环境控制转型与迈进。而智能装备是畜牧业发展的重要标志，关乎"四化"同步推进全局。智能养殖装备与畜牧业的信息化代表着畜牧业先进生产力，是提高生产效率、转变发展方式、增强畜牧业综合生产能力的物质基础，也是国际农业装备产业技术竞争的焦点。当前，中国现代畜牧业加速发展，标准化及规模化经营比例加大、农业劳动力大量转移，对畜禽养殖装备技术要求更高，对养殖过程的信息感知与处理所需产品需求更多。长期以来，我国畜牧业自主研究的智能饲喂设备、畜禽个体生理与环境感知的技术与设备基础研究不足，核心传感部件和高端产品依赖进口，畜牧业饲料、兽药等投入品使用粗放，精准饲喂的技术与解决方案相对缺乏，导致畜牧业综合生产成本居高不下，畜禽养殖效益低下。此外，畜产品质量安全的全程可追溯技术也是现代畜牧业产业链的主要组成部分，是维护食品安全和保障民生的主要技术措施。因此，国家及一些地方省市自"十二五"科技攻关以来，实施了与上述领域有关的重大研究计划或课题。本专著涉及内容是在近5年来，项目组实施国家"863"数字畜牧业重大研究课题（/2012AA101905）、山东省自主创新重大研究项目（2013CXC90206）、国家科技支撑技术重大课题（2014BAD08B05）、农业部转基因重大专项课题、国家科技部富民强县项目、奶牛产业技术体系北京市奶牛创新团队岗位专家研究课题中取得的一系列专利技术。这些专利技术与现代畜牧业的信息感知技术、设备装备技术、畜产品溯源技术等密切相关，因而编撰成书。

　　该专著涉及的专利技术包括4个方面，即书中的4个部分：第一部分是奶牛信息感知与精准饲喂相关专利技术。从奶牛的发情监测即计步器到奶牛的颈夹技术，从奶犊牛及奶母牛的饲喂装置到牛只的福利屠宰装置等。该部分涉及7项专利技术。第二部分为生猪信息感知与精准饲喂相关专利技术。从生猪个体的体温感知、发情监测、性能测定与代谢装置，到供料系统与设备、饲喂装置及废弃物收集与处理装置及技术，共涉及12项专利技术。第三部分涉及畜产品溯源相关技术，主要包括电子标签、条码标签等标识技术、标签阅读器，以及溯源数据的采集及转换技术、溯源码打码设备及技术。该部分涉及6项专利技术。第四部分为其他专利技术，主要涉及家禽（鸡与水禽）的脚环、饲喂设备、供水及光照控制的设备与技术，共有5项专利技术。

　　在本项目的专利技术研发过程中，主要专利技术开发与示范应用的完成人为熊本海、杨振刚、蒋林树、马云霞、马文健及杨亮6位同志。专利技术研究完成人之一——中国农业科学院北京畜牧兽医研究所熊本海研究员，主要负责组织国家"863"数字畜牧业重大研究课题（/2012AA101905）及奶牛产业技术体系北京市奶牛创新团队岗位专家研究课题的实施，组织了涉及奶牛与生猪的信息感知与饲喂相关专利技术的开发。专利技术研究完成人之一——阳信亿利源清真肉类有限公司杨振刚先生，主要负责山东省自主创新重大研究项目（2013CXC90206）及国家科技部富民强县项目的实施，组织研究及获得的专利主要包括家畜的相关标识技术及畜产品溯源相关技术，以及相关专利技术在执行期间的应用与技术的完善。专利技术研究完成人之一——北京农学院蒋林树教授主要负责奶牛精准饲喂专利技术的开发，以及相关专利技术在北京市示范奶牛场的应用。专利技术研究完成人之一——马云霞及马文健两位同志，主要是参与协调组织山东省自主创新重大研究项目（2013CXC90206）及国家科技部富民强县项目的实施，尤其是本项目研究获得的专利技术在阳信县相关企业的应用与示范。专利技术研究完成人之一——杨亮助理研究员，主要负责国家科技支撑技术重大课题（2014BAD08B05）的研究，主要获得与猪精细饲喂有关的信息感知与智能设备的专利技术。其他参与研究的同志都在不同的专利技术研究中发挥各自的智慧，限于篇幅不复赘述。

需要说明的是，在本专著描述的专利技术中，其中，有5项专利技术申报了发明专利，且均在进行或通过了实质性审查，未拿到证书的未列在附件的目录中。

本专著的出版得到了山东阳信亿利源清真肉类有限公司、奶牛营养学北京市重点实验室、动物营养学国家重点实验室的大力支持，谨此表示由衷的感谢！

由于作者水平有限，撰写中可能存在问题，欢迎读者提出宝贵意见。

著 者

2016. 3. 10

目　录

1 奶牛信息感知与精准饲喂相关专利技术

1.1　奶牛计步器

1.1.1　技术领域

本研究实用新型涉及电子技术领域，特别是指一种奶牛计步器。

1.1.2　背景技术

通常情况下，奶牛饲养场中的奶牛都是成群饲养，为了奶牛的繁殖，需要时刻注意奶牛的生理状况，以便及时发现正处于发情期的奶牛并使其尽快进行交配，从而提高奶牛繁殖效率。现有技术中，通常是依靠饲养员的经验来判断奶牛是否处于发情期，有时并不能及时发现某一头奶牛正处于发情期，从而错失了奶牛的交配良机，也同时降低了奶牛繁殖效率。因此，开发新一代电子的奶牛计步器对于奶牛的发情辅助监测有重要的实用价值。

1.1.3　解决方案

有鉴于此，本研究提出一种奶牛计步器，能够精确记录奶牛的运动量，从而对奶牛的生理状态进行辅助判断，提高奶牛繁殖效率。

基于上述目的本研究提供的一种奶牛计步器，包括三维加速度传感器、ZIGBEE 芯片、ZIGBEE 无线发射装置、射频无线发射装置、ZIGBEE 天线及射频天线；所述三维加速度传感器连接所述 ZIGBEE 芯片，所述 ZIGBEE 芯片分别连接所述 ZIGBEE 无线发射装置和射频无线发射装置，所述 ZIGBEE 无线发射装置连接所述 ZIGBEE 天线，所述射频无线发射装置连接所述射频天线。

在一些实施方式中，所述计步器还包括电源及电源控制装置，用于为所述计步器稳定供电。

在一些实施方式中，所述电源为锂电池，所述电源控制装置包括正电压稳压器、第十一电容、第十二电容、第二十一电容、第二十二电容、第二十三电容、第二十五电容；所述锂电池正极连接正电压稳压器的电源输入端，同时正电压稳压器的电源输入端经并联的第十一电容和第十二电容接地，所述锂电池负极接地；正电压稳压器的输出端为所述计步器中其他器件供电，且正电压稳压器的输出端经并联的第二十一电容、第二十二电容、第二十三电容及第二十五电容接地；正电压稳压器的接地端接地。

在一些实施方式中，所述 ZIGBEE 芯片型号为 STM32W108CB，所述三维加速度传感器的型号为 LIS302DL；所述正电压稳压器的输出端连接三维加速度传感器的电源端、I/O 引脚电源端，并经第六电阻连接三维加速度传感器的 SPI 使能端；三维加速度传感器的第一惯性中断端和第二惯性中断端分别连接 ZIGBEE 芯片的第六数字 I/O 端和第五数字 I/O 端；三维加速度传感器的 I2C 串行数据端和 I2C 串行时钟端分别连接 ZIGBEE 芯片的第二数字 I/O 端和第一数字 I/O 端。

在一些实施方式中，所述 ZIGBEE 无线发射装置包括石英晶体振荡器、第二电阻、第五电容及第六电容；所述 ZIGBEE 芯片的第一晶体振荡器 I/O 端和第二晶体振荡器 I/O 端分别连接并联的石英晶体振荡器和第二电阻的两端，并分别经第五电容和第六电容接地。

在一些实施方式中，所述射频无线发射装置包括三极管、第三电阻、第四电阻、第九电阻、第十电阻、第十一电阻、第十二电阻、第十电容、第一二极管及稳压二极管；射频无线发射装置的接口端连接所述 ZIGBEE 芯片的第三数字 I/O 端；所述接口端经第三电阻连接三极管的基极，三极管的集电极经依次串联的第十二电阻、稳压二极管、第九电阻和第十电容接地，同时经依次串联的第十电阻和第十一电阻接地，同时还经串联的第十电阻和第一二极管连接所述正电压稳压器的输出端；所述三极管的基极和发射极之间连接第四电阻，同时所述发射极接地。

在一些实施方式中，所述射频天线包括 X 轴天线、Y 轴天线和 Z 轴天线。

在一些实施方式中，所述 X 轴天线包括第三电感 L3、第二十六电容 C26、第三十二电容 C32、第一二极管组 D4 和第二二极管组 D7；所述第一二极管组 D4 和第二二极管组 D7 分别连接并联的第三电感 L3、第二十六电容 C26 和第三十二电容 C32 的两端。

所述 Y 轴天线包括第四电感 L4、第三十电容 C30、第三十三电容 C33、第三二极管组 D5 和第四二极管组 D8；所述第三二极管组 D5 和第四二极管组 D8 分别连接并联的第四电感 L4、第三十电容 C30 和第三十三电容 C33 的两端：

所述 Z 轴天线包括第五电感 L5、第三十一电容 C31、第三十四电容 C34、第五二极管组 D6 和第六二极管组 D9；所述第五二极管组 D6 和第六二极管组 D9 分别连接并联的第五电感 L5、第三十一电容 C31 和第三十四电容 C34 的两端。

在一些实施方式中，所述计步器还包括存储装置，所述存储装置包括串行非易失性存储器、第十三电阻和第十四电阻；串行非易失性存储器的电源端连接所述正电压稳压器的输出端；串行非易失性存储器的串行数据地址端连接所述 ZIGBEE 芯片的第十三数字 I/O 端，同时经第十四电阻连接所述正电压稳压器的输出端；串行非易失性存储器的串行时钟端连接所述 ZIGBEE 芯片的第十二数字 I/O 端，同时经第十三电阻连接所述正电压稳压器的输出端；串行非易失性存储器的其他引脚接地。

在一些实施方式中，所述计步器还包括发光单元，所述发光单元包括第一发光二极管、第二发光二极管、第十五电阻和第十六电阻；所述 ZIGBEE 芯片的第十九数字 I/O 端经串联的第十六电阻和第二发光二极管接地；所述 ZIGBEE 芯片的第二十数字 I/O 端经串联的第十五电阻和第一发光二极管接地。

从上面所述可以看出，本实用新型提供的奶牛计步器，通过采用三维加速度传感器，确保每个方向的运动量都能被记录，并同时采用了 Zigbee 模式和射频模式两种无线通信模式，使得计步器可以从短距离和长距离两种距离均能发射出计步数据；从而在较大活动范围内均能准确采集奶牛的计步信息。

进一步的，供电电源可仅采用内置一个一次性锂电池，并同时采用超低功耗设计和特殊的电源控制技术，其工作寿命可以达到 10 年。

　　较佳的，射频天线采用 XYZ 轴天线，使得计步器能够发送来自各方向的计步信息。

1.1.4　附图说明

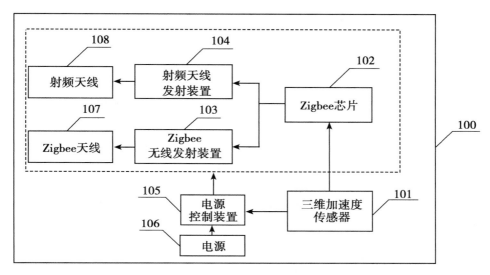

图 1-1-1　奶牛计步器的结构示意图

100—计步器　101—三维加速度传感器　102—Zigbee 芯片　103—Zigbee 无线发射装置
104—射频无线发射装置　105—电源控制装置　106—电源　107—Zigbee 天线　108—射频天线

　　具体实施功能如下。

　　图 1-1-1 为研究提出的奶牛计步器实施例的结构示意图。所述奶牛计步器 100，包括三维加速度传感器 101、ZIGBEE 芯片 102、ZIGBEE 无线发射装置 103、射频无线发射装置 104、ZIGBEE 天线 107 及射频天线 108；所述三维加速度传感器 101 连接所述 ZIGBEE 芯片 102，所述 ZIGBEE 芯片 102 分别连接所述 ZIGBEE 无线发射装置 103 和射频无线发射装置 104，所述 ZIGBEE 无线发射装置 103 连接所述 ZIGBEE 天线 107，所述射频无线发射装置 104 连接所述射频天线 108。

　　进一步的，所述计步器 100 还包括电源 106 及电源控制装置 105，用于为所述计步器 100 稳定供电。

　　图 1-1-4 为奶牛计步器电源及电源控制装置的电路示意图。较佳的，所述电源 106 为锂电池 BT1，所述电源控制装置 105 包括正电压稳压器 U4、第十一电容 C11、第十二电容 C12、第二十一电容 C21、第二十二电容 C22、第二十三电容 C23、第二十五电容 C25；所述锂电池 BT1 正极连接正电压稳压器 U4 的电源输入端 VIN，同时正电压稳压器 U4 的电源输入端 VIN 经并联的第十一电容 C11 和第十二电容 C12 接地，所述锂电池 BT1 负极接地；正电压稳压器 U4 的输出端 VOUT 为所述计步器 100 中其他器件供电，且正电压稳压器 U4 的输出端 VOUT 经并联的第二十一电容 C21、第二十二电容

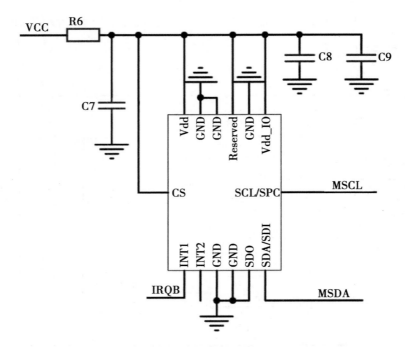

图1-1-2 奶牛计步器三维加速度传感器的电路示意图

C22、第二十三电容 C23 及第二十五电容 C25 接地；正电压稳压器 U4 的接地端接地。

所述正电压稳压器 U4，优选的采用 TOREX 公司 XC6206 产品，在输出电流较大的情况下，输入输出压差也能很小；为奶牛计步器能够长时间稳定运行而且最大限度的使用电池提供了可靠的保证。

图 1-1-2 和图 1-1-3 分别为奶牛计步器三维加速度传感器的电路示意图和 ZIG-BEE 芯片的电路示意图。较佳的，所述 ZIGBEE 芯片 102（图 1-1-3 中标记为 U2）的型号为 STM32W108CB，所述三维加速度传感器 101 的型号为 LIS302DL；所述正电压稳压器 U4 的输出端 VOUT（即为计步器中其他器件的供电端 VCC）连接三维加速度传感器 101 的电源端 Vdd、I/O 引脚电源端 Vdd_ IO，并经第六电阻 R6 连接三维加速度传感器 101 的 SPI（Serial Peripheral Interface，串行外设接口）使能端 CS；三维加速度传感器 101 的第一惯性中断端 INT1 和第二惯性中断端 INT2 分别连接 ZIGBEE 芯片 102 的第六数字 I/O 端 PA5 和第五数字 I/O 端 PA4；三维加速度传感器 101 的 I2C 串行数据端 SDA 和 I2C 串行时钟端 SCL 分别连接 ZIGBEE 芯片 102 的第二数字 I/O 端 PA1 和第一数字 I/O 端 PA0。

可选的，所述 ZIGBEE 无线发射装置 103 包括石英晶体振荡器 X1、第二电阻 R2、第五电容 C5 及第六电容 C6；所述 ZIGBEE 芯片 102 的第一晶体振荡器 I/O 端 OSCA 和第二晶体振荡器 I/O 端 OSCB 分别连接并联的石英晶体振荡器 X1 和第二电阻 R2 的两端，并分别经第五电容 C5 和第六电容 C6 接地。

由于采用了所述 ZIGBEE 芯片 102 和所述 ZIGBEE 无线发射装置 103，使得所述计

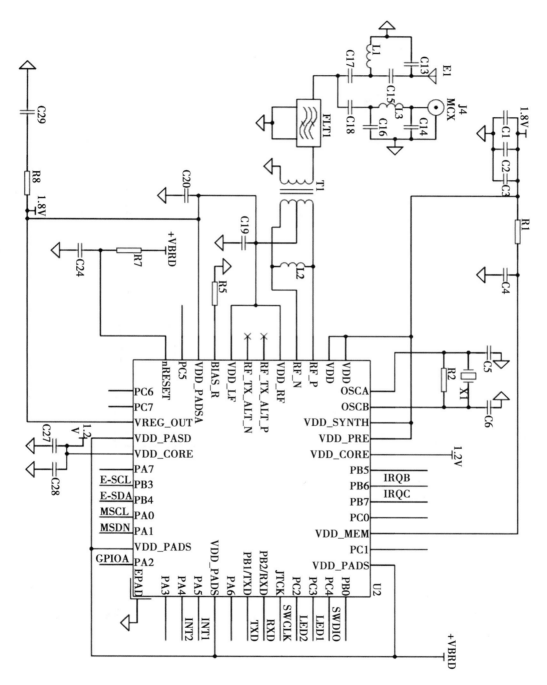

图 1-1-3 奶牛计步器 ZIGBEE 芯片的电路示意图

步器 100 集成了 Zigbee 通信协议,定时发送 Zigbee 数据,外界则可以通过 Zigbee 路由设备采集 Zigbee 数据,频率为 24 兆赫兹。计步信息包括最近 24 小时内的运动量以及累

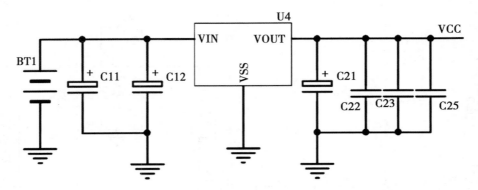

图1-1-4　奶牛计步器电源及电源控制装置的电路示意图

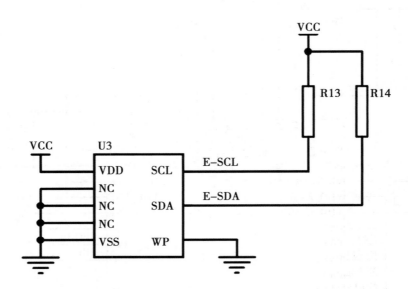

图1-1-5　奶牛计步器存储装置的电路示意图

计运动量数值。

　　ZigBee是一项基于无线标准的无线网络技术，用于满足远距离监控和传感器及控制网络应用的独特需求。所述ZIGBEE芯片102优选采用ST公司最新的基于Cortex-M3内核和符合ST的SimpleMACw无线网络协议的ZIGBEE芯片。其在开阔地通信距离能够达到100米，一般室内也能在50米左右。

　　所述三维加速度传感器101优选采用ST公司的最新3D加速度传感器LIS302DL，具有体积小，功耗低的特点。3D加速度传感器芯片可以在一节电池的低电压微功耗下面持续运行，不断检测XYZ轴方向加速度的变化，同时优选采用I2C数字接口从而更有利于和所述ZIGBEE芯片102通信联系，速度更快更省时间。为了能够进一步省电节能，在程序上可做优化处理工作，使得只有在奶牛运动的时候才被激活，平时处于极低

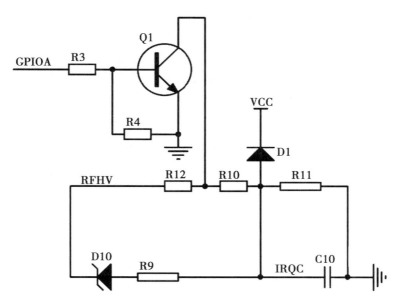

图 1 - 1 - 6　奶牛计步器射频无线发射装置的电路示意图

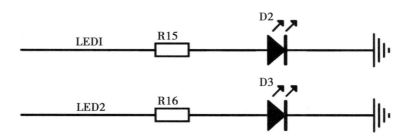

图 1 - 1 - 7　奶牛计步器发光单元的电路示意图

功耗的监控状态，有效保证了设备的长期稳定使用。

图 1 - 1 - 6 为奶牛计步器射频无线发射装置的电路示意图。所述射频无线发射装置 104 包括三极管 Q1、第三电阻 R3、第四电阻 R4、第九电阻 R9、第十电阻 R10、第十一电阻 R11、第十二电阻 R12、第十电容 C10、第一二极管 D1 及稳压二极管 D10；射频无线发射装置 104 的接口端 GPIOA 连接所述 ZIGBEE 芯片 102 的第三数字 I/O 端 PA2；所述接口端 GPIOA 经第三电阻 R3 连接三极管 Q1 的基极，三极管 Q1 的集电极经依次串联的第十二电阻 R12、稳压二极管 D10、第九电阻 R9 和第十电容 C10 接地，同时经依次串联的第十电阻 R10 和第十一电阻 R11 接地，同时还经串联的第十电阻 R10 和第一二极管 D1 连接所述正电压稳压器 U4 的输出端 VOUT（也即 VCC）；所述三极管 Q1 的基极和发射极之间连接第四电阻 R4，同时所述三极管 Q1 的发射极接地。

图 1 - 1 - 8 为本奶牛计步器射频天线的电路示意图。所述射频天线 108 包括 X 轴天

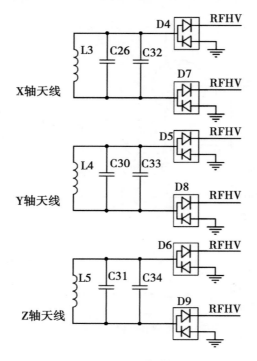

图 1-1-8 奶牛计步器射频天线的电路示意图

线、Y 轴天线和 Z 轴天线。所述 X 轴天线包括第三电感 L3、第二十六电容 C26、第三十二电容 C32、第一二极管组 D4 和第二二极管组 D7；所述第一二极管组 D4 和第二二极管组 D7 分别连接并联的第三电感 L3、第二十六电容 C26 和第三十二电容 C32 的两端；射频信号通过所述射频无线发射装置 104 中的第十二电阻 R12 和稳压二极管 D10 之间的连接点分别发送到所述第一二极管组 D4 和第二二极管组 D7。

所述 Y 轴天线包括第四电感 L4、第三十电容 C30、第三十三电容 C33、第三二极管组 D5 和第四二极管组 D8；所述第三二极管组 D5 和第四二极管组 D8 分别连接并联的第四电感 L4、第三十电容 C30 和第三十三电容 C33 的两端；射频信号通过所述射频无线发射装置 104 中的第十二电阻 R12 和稳压二极管 D10 之间的连接点分别发送到所述第三二极管组 D5 和第四二极管组 D8。

所述 Z 轴天线包括第五电感 L5、第三十一电容 C31、第三十四电容 C34、第五二极管组 D6 和第六二极管组 D9；所述第五二极管组 D6 和第六二极管组 D9 分别连接并联的第五电感 L5、第三十一电容 C31 和第三十四电容 C34 的两端；射频信号通过所述射频无线发射装置 104 中的第十二电阻 R12 和稳压二极管 D10 之间的连接点分别发送到所述第五二极管组 D6 和第六二极管组 D9。

所述射频无线发射装置 104 采用 LC 并联谐振方式获得外部能量和信息。设备设置了 XYZ 轴 3 个方向的天线，当外部任何一个方向出现唤醒信号（134.2 千赫兹）的时候，相应的天线和匹配电容达到共振点，共振能量存到第十电容 C10，同时，为了防止电压太高，用稳压二极管 D10 来限制最高电压。等到第十电容 C10 上面电压超过 3V 的时候，开始激活所述 ZIGBEE 芯片 102，所述 ZIGBEE 芯片 102 运算以后向三极管 Q1 发出一串数字信号，经三极管 Q1 放大后通过天线发射到空中。激发处的接收电路收到以后就能还原出原来的信号。这就为有效的在近距离传输计步数据提供了可靠的保障。保证了和原有的一些系统的可靠兼容。

所述射频信号采用了无源动物电子标签的通信协议，符合国际标准 ISO11784/5，能直接代替电子耳标的功能，频率为 134.2KHz。所述计步信息附加在奶牛电子耳标信息中一起输出，可以得到最近 24 小时内的运动量数值。

图 1-1-5 为本奶牛计步器实施例中存储装置的电路示意图。所述计步器 100 还可以包括存储装置，所述存储装置包括串行非易失性存储器 U3、第十三电阻 R13 和第十四电阻 R14；串行非易失性存储器 U3 的电源端连接所述正电压稳压器 U4 的输出端 VOUT；串行非易失性存储器 U3 的串行数据地址端连接所述 ZIGBEE 芯片 102 的第十三数字 I/O 端 PB4，同时经第十四电阻 R14 连接所述正电压稳压器 U4 的输出端 VOUT（也即 VCC）；串行非易失性存储器 U3 的串行时钟端连接所述 ZIGBEE 芯片 102 的第十二数字 I/O 端 PB3，同时经第十三电阻 R13 连接所述正电压稳压器 U4 的输出端 VOUT（也即 VCC）；串行非易失性存储器 U3 的其他引脚接地。

所述串行非易失性存储器 U3，用于计步信息存储，优选采用 RAMTRON 公司的 FM24CL16。

图 1-1-7 为奶牛计步器发光单元的电路示意图。所述计步器 100 还包括发光单元，所述发光单元包括第一发光二极管 LED1、第二发光二极管 LED2、第十五电阻 R15 和第十六电阻 R16；所述 ZIGBEE 芯片 102 的第十九数字 I/O 端 PC2 经串联的第十六电阻 R16 和第二发光二极管 LED2 接地；所述 ZIGBEE 芯片 102 的第二十数字 I/O 端 PC3 经串联的第十五电阻 R15 和第一发光二极管 LED1 接地。

该奶牛计步器的工作原理如下。

所述三维加速度传感器 101 采集奶牛的计步信息并将该计步信息发送给所述 ZIGBEE 芯片 102，所述 ZIGBEE 芯片 102 将所述计步信息转换为发送信号分别发送给所述 ZIGBEE 无线发射装置 103 和射频无线发射装置 104，所述 ZIGBEE 无线发射装置 103 将该发送信号转换为 ZIGBEE 信号通过 ZIGBEE 天线 107 发送出去，所述射频无线发射装置 104 将该发送信号转换为射频信号通过射频天线 108 发送出去。

从上述可以看出，本奶牛计步器，通过采用三维加速度传感器，确保每个方向的运动量都能被记录，并同时采用了 Zigbee 模式和射频模式两种无线通信模式，使得计步器可以从短距离和长距离两种距离均能发射出计步数据；从而在较大活动范围内均能采集奶牛的计步信息。

进一步的，供电电源可仅采用内置一个一次性锂电池，并同时采用超低功耗设计和特殊的电源控制技术，其工作寿命可以达到 10 年。

较佳的，射频天线采用 XYZ 轴天线，使得计步器能够发送来自各方向的计步信息。

本研究提出的奶牛计步器的主要功能架构、通信模块与电路图结构见图 1-1-1 至图 1-1-8。

本技术申请了国家专利保护，获得的专利号为：ZL 2014 2 0037330.3

1.2　一种半自动奶牛颈夹

1.2.1　技术领域

本实用新型涉及畜牧养殖设备，尤其是指一种对家畜进行选择性锁定的半自动颈夹。

1.2.2　背景技术

在规模化奶牛场饲喂过程中，为满足奶牛的精细化饲喂及个性化管理，经常需要对某些奶牛进行近距离观察、定量的饲喂和控制，这就需要通过卡住奶牛的脖子即所谓的颈夹不让奶牛离开，达到定点、定时采食、采集血样或灌药等需求。而全自动的奶牛颈夹不便于满足个性化的要求，而且，一般成本较高，对奶牛体型的整齐度要求也高，对于小规模的牛场往往做不到这点，或者利用起来达不到预期的效果。因此，研究开发手动与自动相结合的，即半自动的奶牛颈夹，可根据个体、时间点或时间区间，决定奶牛颈夹的灵活使用，对于广大的小规模饲喂的奶牛场，以及对部分奶牛开展观察与试验等具有现实意义，也能满足现实的需求。

1.2.3　解决方案

本研究所解决的技术问题是克服现有技术中对牛场管理及奶牛的整齐度要求较高而不便采用全自动的颈夹的技术现状，提供 3 种（案例 1、案例 2 和案例 3）启用方便的半自动颈夹。

1.2.4　附图说明

以下从图 1 – 2 – 1 至图 1 – 2 – 18 系统解释了 3 种不同形式的颈夹结构与工作原理。

案例 1：

图 1 – 2 – 1 为一种奶牛半自动颈夹的案例 1 第一工作状态示意图，如图所示，包括套筒 101、底座 102、固定挡块 109 和手柄 110 和夹持单元，夹持单元包括折杆 105、活动杆 106、第一挡板 103、第二挡板 104、支架 107 和限位挡板 108。套筒 101 轴向水平设置，第一挡板 103 和第二挡板 104 长度相同，两者一端分别固定于套筒 101 下表面，两者另一端分别固定于底座 102，两者相距一定距离并垂直于地面。折杆 105 一端固定在套筒 101 下表面，其固定位置紧靠第一挡板 103 和套筒 101 的固定处，折杆 105 在距离其另一端约 1/3 长度处发生弯折，其另一端固定在底座 102 上，并保证此约 1/3 长度部分垂直于地面。活动杆 106 短于第一挡板 103 和第二挡板 104，距其一端约 1/3 长度处可旋转地连接于折杆 105 发生弯折的位置，活动杆 106 另一端固定有支架 107，该支

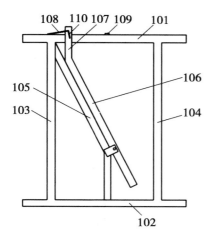

图 1 - 2 - 1　奶牛半自动颈夹第一
工作状态（方案 1）
101—套筒　103—第一挡板　104—第二
挡板　105—折杆　106—活动杆
107—支架　108—限位挡板
109—固定挡块　110—手柄

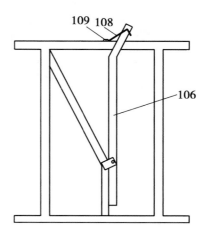

图 1 - 2 - 2　奶牛半自动颈夹第二
工作状态（方案 1）
106—活动杆　108—限位挡板
109—固定挡块

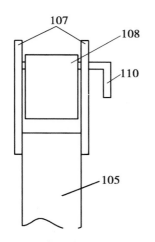

图 1 - 2 - 3　半自动颈夹活动杆端部
侧视图（方案 1）
105—折杆　107—支架
108—限位挡板　110—手柄

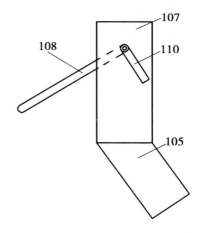

图 1 - 2 - 4　半自动颈夹活动杆端部
主视图（方案 1）
105—折杆　107—支架
108—限位挡板　110—手柄

架套装在套筒 101 上，在活动杆 106 转动时能够沿套筒 101 滑动并在需要时为活动杆 106 提供垂直于其运动面的支撑力。

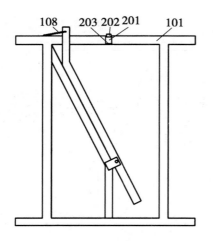

图1-2-5 奶牛半自动颈夹第一
工作状态（方案2）

101—套筒 108—限位挡板 201—限位轴
202—第一活动挡块 203—第一辅助块

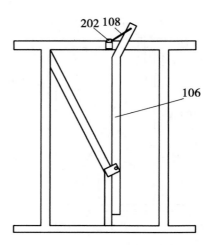

图1-2-6 奶牛半自动颈夹第二
工作状态（方案2）

106—活动杆 108—限位挡板
202—第一活动挡块

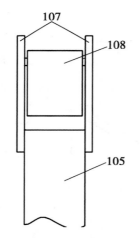

图1-2-7 半自动颈夹活动杆端部
侧视图（方案2）

105—折杆 107—支架 108—限位挡板

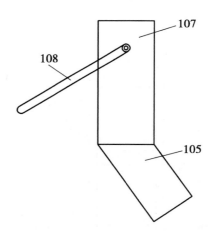

图1-2-8 半自动颈夹活动杆端部
主视图（方案2）

105—折杆 107—支架 108—限位挡板

图1-2-3为案例1的活动杆端部侧视图，图1-2-4为该方案的活动杆端部主视图。结合图1-2-3和图1-2-4，限位挡板108一端可旋转地连接于支架107另一端，手柄110一端固定于限位挡板108转动轴的端部，可通过转动手柄110驱动限位挡板108绕其转动轴转动。固定挡块108设置在套筒101上表面，当活动杆106旋转至与地面垂直时，其上设置的限位挡板108的另一端恰好经过固定挡块109。在图1-2-1所

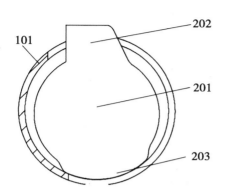

图 1 - 2 - 9 奶牛半自动颈夹限位轴
第一工作状态
A—A 面截面图（案例 2）
101—套筒 201—限位轴
202—第一活动挡块 203—第一辅助块

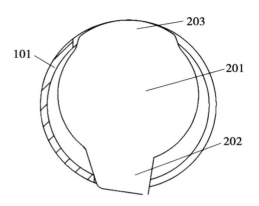

图 1 - 2 - 10 奶牛半自动颈夹限位轴
第二工作状态 A—A 面截面图（案例 2）
101—套筒 201—限位轴
202—第一活动挡块 203—第一辅助块

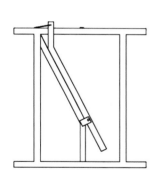

图 1 - 2 - 11 奶牛半自动
颈夹示意图（案例 3）

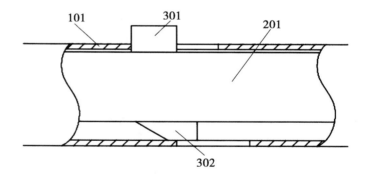

图 1 - 2 - 12 限位轴第一工作状态
B—B 面截面图（案例 3）
101—套筒 201—限位轴
301—第二活动块 302—第二辅助块

示的工作状态下，活动杆 106 较长的约 2/3 长度一段受到重力作用自然与折杆 105 倾斜一段贴合。

图 1 - 2 - 2 为案例 1 的第二工作状态示意图，如图所示。在图 1 - 2 - 1 所示的工作状态下，在半自动颈夹一侧下部放置食盆，处于另一侧的牲畜想要吃到食物，由于第一挡板 103 与折杆 105 之间的间隙不足以牲畜头部通过，因此，它只能将头部通过此时活动杆 106 与第二挡板 104 之间形成的较大空隙，并将头部下压取食，其颈部自然下压活动杆 106 约 1/3 长度一段，使活动杆 106 在图 1 - 2 - 1 观察视角下顺时针转动，此时其顶部的限位挡板 108 会随活动杆 106 转动而沿套筒 101 移动，直到活动杆 106 垂直于地

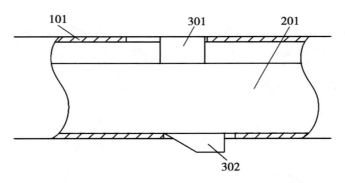

图 1 − 2 − 13　限位轴第二工作状态 B—B 面截面图 （案例 3）
101—套筒　201—限位轴　301—第二活动块　302—第二辅助块

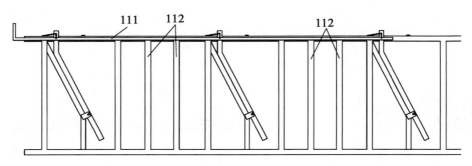

图 1 − 2 − 14　奶牛半自动颈夹多个夹持单元并排设置示意图 （案例 1）
111—联动杆　112—栅栏板

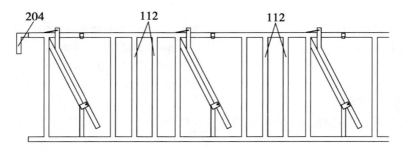

图 1 − 2 − 15　奶牛半自动颈夹多个夹持单元并排设置时第一工作状态示意图 （案例 2）
112—栅栏板　204—控制手柄

面，如图 1 − 2 − 2 所示，此时限位挡板 108 另一端恰好经过固定挡块 109。由于限位挡块 109 的作用，活动杆 106 会保持垂直于地面的状态，即使牲畜想要将头部退回，也会受到活动杆 106 的阻挡而无法进行，此时，研究人员可以方便地对牲畜进行取血等一些

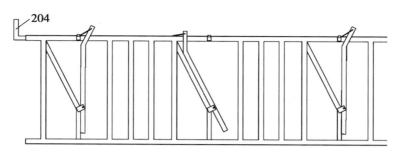

图 1 – 2 – 16　奶牛半自动颈夹多个夹持单元并排设置时第二工作状态示意图（案例 2）
204—控制手柄

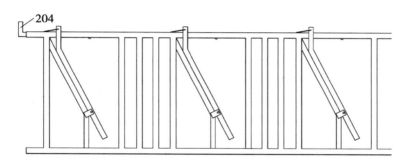

图 1 – 2 – 17　奶牛半自动颈夹多个夹持单元并排设置时第一工作状态示意图（案例 3）
204—控制手柄

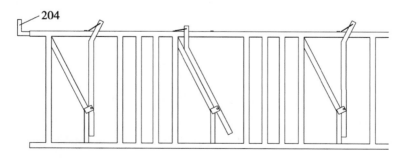

图 1 – 2 – 18　奶牛半自动颈夹多个夹持单元并排设置时第二工作状态示意图（案例 3）
204—控制手柄

操作。

　　当需要将牲畜放回时，转动手柄 110，使限位挡板 108 另一端抬起并高于固定挡块 109，此时活动杆 106 又可以回到图 1 – 2 – 1 所示工作位置，而牲畜也会在活动杆挤压下将头部抬起，并通过活动杆 106 与第二挡板 104 之间的空隙将头部退出。

在案例 1 中，夹持单元可以有多个，并排设置在套筒 101 和底座 102 之间，构成能够同时对多头牲畜进行夹持、控制的半自动栅栏。

图 1-2-14 为方案 1 的多个夹持单元并排设置示意图。如图所示，还包括联动杆 111、栅栏板 112 和控制手柄 204。夹持单元有多个，并排设置在套筒 101 和底座 102 之间，相邻夹持单元之间垂直地面设置有两栅栏板 112，相邻两栅栏板之间的距离、距离任一夹持单元最近的栅栏板 112 与该夹持单元之间的距离均相同，且不大于第一挡板 103 和第二挡板 104 间距的 1/2。套筒 101 上各夹持单元相应位置设置有多个固定挡块 109。联动杆 111 分别与各夹持单元中手柄 110 的另一端可活动连接，并能够驱动各手柄 110 联动。控制手柄 204 设置在联动杆 111 一端。以图 1-2-14 为观察视角，向左移动控制手柄 204，带动联动杆 111 向左移动，即可将各夹持单元中限位挡板 108 的另一端抬起，越过固定挡块 109，从而使各活动杆 106 可以回到各自的初始位置。

案例 2：

图 1-2-5 为案例 2 的第一工作状态示意图，图 1-2-6 为为其第二工作状态示意图，结合图 1-2-5 和图 1-2-6，如图所示，在本方案中，不包括固定挡块 109 和手柄 110，还包括限位轴 201、第一活动挡块 202 和第一辅助块 203。限位轴 201 设置在套筒 101 内并能够以其轴线为转动轴转动，限位轴 201 外表面设置有第一活动挡块 202 和第一辅助块 203，其中，第一活动挡块 202 一面为斜面，套筒 101 上设置有与第一活动挡块 202 和第一辅助块 203 相配合的开口，能够保证两者一定的活动范围。

图 1-2-7 为案例 2 的活动杆端部侧视图，图 1-2-8 为其的活动杆端部主视图。如图所示，该方案不包括手柄 110。

图 1-2-9 为案例 2 的限位轴第一工作状态 A-A 面截面图，图 1-2-10 为其的限位轴第二工作状态 A-A 面截面图。如图所示，在第一工作状态时，第一辅助块 203 位于套筒 101 内部，第一活动块 202 的上表面高于套筒 101 上表面，此时第一活动挡块 202 起到的作用和案例中固定挡块 109 的作用相同；以图 1-2-9 为观察视角，顺时针转动限位轴 201，第一活动挡块 202 会沿套筒 101 上的开口运动，当第一活动挡块 202 的斜面与开口下部边缘接触后，继续顺时针转动限位轴 201，此斜面会将限位轴 201 向上托举，直到第一辅助块的外表面与套筒 101 外表面位于同一高度，即为案例 2 的限位轴第二工作状态。此时限位挡板 108 能够在套筒 101 上表面自由运动，只要有外力是的活动杆 106 偏离垂直地面状态，由于其连接点以上部分长度长于连接点以下部分，因此在重力的作用下，活动杆 106 会获得恢复其初始状态的运动趋势，进而实现颈夹的归位。

在本方案中，第一活动挡块 202 一侧斜面的作用是，对限位轴 201 进行承托，使其上的第一辅助块 203 表面能够与套筒 101 外表面位于同一高度，以实现活动杆 106 的自动回归。也可将套筒 101 上表面设置为平面，配合第一活动挡块 202 的开口仅占用套筒 101 上表面的一部分，保留一部分平面，那么就可以省去第一辅助块。当第一活动挡块 202 顺时针转动至套筒 101 下部时，限位挡板 108 仍能在套筒 101 上表面保留的一部分平面的承托下通过开口，使活动杆回到其第一工作状态。

在方案中，夹持单元可以有多个，并排设置在套筒101和底座102之间，构成能够同时对多头牲畜进行夹持、控制的半自动栅栏。

图1-2-15为方案2的多个夹持单元并排设置时第一工作状态示意图，图1-2-16为其多个夹持单元并排设置时第二工作状态示意图。如图所示，还包括栅栏板112。夹持单元有多个，并排设置在套筒101和底座102之间；相邻夹持单元之间垂直地面设置有两个栅栏板112，相邻两栅栏板112之间的距离、距离任一夹持单元最近的栅栏板112与该夹持单元之间的距离均相同，且不大于第一挡板103和第二挡板104间距的1/2。各夹持单元共用套筒101及限位轴201，限位轴201一端设置有控制手柄204；限位轴201在其相应位置分别设置有多组第一活动挡块202和多组第一辅助块203，套筒101的相应位置设置有与多组第一活动挡块202和多组第一辅助块203相配合的多个开口。在图1-2-16中，各第一活动挡块202和第一辅助块203的位置如图1-2-9所示，此时任意限位挡板108若移动过第一活动挡块202，则会由第一活动挡块202限制其位置，保持对应活动杆106处于垂直于地面状态，达到夹持效果；此时转动控制手柄204，使得限位轴201处于图1-2-10所示状态，各第一活动挡块202和第一辅助块203的位置如图1-2-15所示，各限位挡板108能够自由运动，其对应的活动杆106能够回到各自初始状态，进而将夹持的牲畜释放。

案例3：

图1-2-11为案例3示意图。其整体工作方式与本案例1、案例2相似，在此只给出一示意图。

图1-2-12为案例2限位轴第一工作状态B-B面截面图，图1-2-13为为其限位轴第二工作状态B-B面截面图。如图所示，与本研究的案例2比较，本方案中限位轴201运动方式为沿轴向运动，其上设置有第二活动块301和第二辅助块302，其中，第二辅助块302的一面为斜面，套筒101上表面为平面，套筒101上设置有与第二活动块301和第二辅助块302相配合的开口，且与第二活动块301配合的开口宽度小于套筒101上表面宽度。

当处于如图1-2-12所示的本案例的限位轴第一工作状态时，第二活动挡块301上表面高于套筒101上表面，在活动杆106的第一工作状态下，起到限制限位挡板108运动的效果；以图1-2-12为观察视角，向右移动限位轴201，此时第二辅助块302逐渐进入套筒101上与其配合的开口，限位轴向下移动一段距离，使得第二活动挡块301上表面不高于套筒101上表面，这样一来限位挡板108可以沿套筒101上表面自由移动，而使活动杆106可以回到其第一工作状态。

在上述方案3中，夹持单元可以有多个，并排设置在套筒101和底座102之间，构成能够同时对多头牲畜进行夹持、控制的半自动栅栏。

图1-2-17为案例3的多个夹持单元并排设置时第一工作状态示意图，图1-2-18为其的多个夹持单元并排设置时第二工作状态示意图。如图所示，还包括栅栏板112。夹持单元有多个，并排设置在套筒101和底座102之间；相邻夹持单元之间垂直地面设置有两个栅栏板112，相邻两栅栏板112之间的距离、距离任一夹持单元最近的栅栏板112与该夹持单元之间的距离均相同，且不大于第一挡板103和第二挡板104间

距的 1/2。各夹持单元共用套筒 101 及限位轴 201，限位轴 201 一端设置有控制手柄 204；限位轴 201 在其相应位置分别设置有多组第二活动挡块 202 和多组第二辅助块 203，套筒 101 的相应位置设置有与多组第二活动挡块 202 和多组第二辅助块 203 相配合的多个开口。在图 1-2-18 中，各第二活动挡块 202 和第二辅助块 203 的位置如图 1-2-12 所示，此时任意限位挡板 108 若移动过第二活动挡块 202，则会由第二活动挡块 202 限制其位置，保持对应活动杆 106 处于垂直于地面状态，达到夹持效果；此时推动控制手柄 204，使得限位轴 201 处于图 1-2-13 所示状态，各第二活动挡块 202 和第二辅助块 203 的位置如图 1-2-17 所示，各限位挡板 108 能够自由运动，其对应的活动杆 106 能够回到各自初始状态，进而将夹持的牲畜释放。

案例 4：

从图 1-2-19 至图 1-2-20 描述了另一种奶牛自动颈夹，本案例专门申请了实用新型专利。

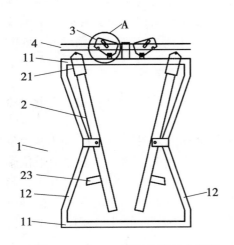

图 1-2-19 一种奶牛颈夹在挡杆
未闭合时示意图
1—主体框架 2—活动挡杆 3—转动部
4—驱动轴 11—水平框架 12—竖直框架
21—卡合部 23—辅正杆
A 区域

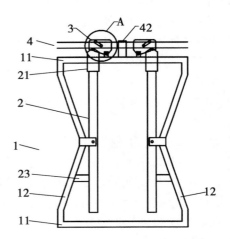

图 1-2-20 一种奶牛颈夹在挡杆
闭合时的示意图
1—主体框架 2—活动挡杆 3—转动部
4—驱动轴 11—水平框架 12—竖直框架
21—卡合部 23—辅正杆 42—驱动轴支架
A 区域

图 1-2-19 为案例 4 在挡杆未闭合时的示意图；图 1-2-2 为其在挡杆闭合时的示意图。如图所示，本案例中的一种奶牛颈夹，包括主体框架 1 和活动挡杆 2；主体框架 1 包括水平设置的两根水平框架 11 和竖直设置于所述水平框架 11 之间的两根竖直框架 12；竖直框架 12 中部朝向主体框架 1 内部凸出，两竖直框架 12 最近点距离大于奶牛颈部宽度的平均值，小于奶牛头部宽度的平均值；活动挡杆 2 中部转动设置于竖直框架 12 中部。

活动挡杆 2 上部设置有卡合部 21；位于上方的水平框架 11 上设置有对应于两个活

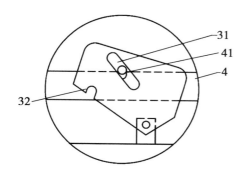

图 1 - 2 - 21　图 1 - 2 - 19 中 A 区域的
放大示意图

4—驱动轴　31—滚轨　32—卡合槽
41—驱动杆

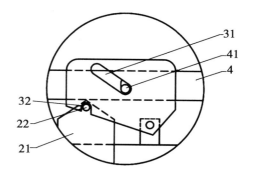

图 1 - 2 - 22　图 1 - 2 - 20 中 A 区域的
放大示意图

4—驱动轴　21—卡合部　22—卡合杆
31—滚轨　32—卡合槽　41—驱动杆

动挡杆 2 的转动部 3，转动部 3 转动连接至所述水平框架 11；活动挡杆 2 由倾斜转动至
竖直时，卡合部 21 与所述转动部 3 接触并被所述转动部 3 限位。

如图 1 - 2 - 19，在奶牛未进入颈夹时，活动挡杆 2 处于倾斜状态，两活动挡杆 2
中部上方存在可以供奶牛头部通过的空间；当奶牛将头部伸入此空间，并将颈部下压取
食时，活动挡杆 2 因受到奶牛颈部的挤压由倾斜转动至竖直。此时转动部 3 将活动挡杆
2 进行限位，达到图 1 - 2 - 20 所述状态，从而完成对奶牛颈部的锁定。

需要说明的是，图 1 - 2 - 19 中转动部 3 翘起的状态仅是为了展示转动部 3 的一种
位置，此时转动部 3 由下文会进行说明的驱动轴 4 进行限位，所以翘起。通常时，转动
部 3 为水平状态并可以自由转动。活动挡杆 2 有倾斜转动至竖直时，将转动部 3 推顶翘
起，待达到卡合位置时，转动部 3 因重力落下，实现自动锁定。

图 1 - 2 - 21 为图 1 - 2 - 19 中 A 区域的放大示意图；图 1 - 1 - 22 为图 1 - 2 - 20 中
A 区域的放大示意图。参考图 1 - 2 - 21、图 1 - 2 - 22 对案例 2 所述的半自动锁定结构
进行进一步说明。

在该方案中，所述卡合部 21 顶部水平设置有卡合杆 22（以图 1 - 2 - 21 为观察视角，
卡合杆 22 轴向垂直于纸面），所述转动部 3 下部设置有向下开口的卡合槽 32；所述活动挡
杆 2 由倾斜转动至竖直时，所述卡合杆 22 进入所述卡合槽 32 并被所述卡合槽 32 限位。

进一步，当卡合部 21 处于水平时，其底部倾斜，底部高度由外至内逐渐降低。这
是为了卡合杆 22 可以自行顶起转动部 3。

在一些可选的实施方式中，所述活动挡杆 2 下部设置有辅正杆 23；所述活动挡杆 2
转动至竖直时，所述辅正杆 23 远离所述活动挡杆 2 的一端与靠近该活动挡杆 2 的竖直
框架 12 接触。辅正杆 23 的作用是，防止活动挡杆 2 转动角度过大，超过了锁定的位
置，导致无法锁定。

综上可见，本案例 4 提供的奶牛颈夹，可以实现奶牛的自动锁定和手动释放，结构
简单，操作方便，能够满足定点定时喂食、采血、灌药的要求。

本技术申请了国家专利保护，获得的专利号为：ZL 2014 2 0488062.7

1.3 一种犊牛饲喂装置

1.3.1 技术领域

本技术涉及畜牧养殖装置，特别是指一种犊牛饲喂装置。

1.3.2 背景技术

犊牛是指初生到断奶 6 月龄以内，以乳汁为主要营养来源的初生小牛。一般来说，犊牛的抗病能力、对外界不良环境的抵抗能力、自身体温调节能力均较差，所以必须进行精心护理和喂养，才能培育出体质健壮的犊牛。

研究表明，小犊牛觅食的乳汁需要保证清洁、干燥，而且，小犊牛的生长速度很快，对乳汁的需求量需要精细地人工控制才能够保证其生长期的营养。犊牛在幼龄期，牛奶是犊牛唯一的食物，哺乳后犊牛依然会保持着吮奶的行为，针对这一特点，六月龄以内的幼犊以个体牛栏为好。每个犊牛栏隔离放置，每只犊牛一栏，栏间保持距离，这样可以避免犊牛之间相互舔舐、吸吮，以防止吃入脏东西。

1.3.3 解决方案

有鉴于此，本技术研究目的在于提出一种犊牛饲喂装置。

基于上述目的本研究提供的一种犊牛饲喂装置，包括门栓、至少一个活动杆、多个固定杆、第一围栏板、第二围栏板、第三围栏板和至少一个饲喂架。

所述第一围栏板的上端设置固定杆，所述固定杆设置在所述第一围栏板和所述第二围栏板之间；其中，相邻的两个固定杆之间设置有活动杆，所述相邻的设置有活动杆的两个固定杆之间的间隔距离大于没有设置活动杆的固定杆之间的间隔距离，所述第一围栏板的外侧设置有饲喂架且位置在设置有活动杆的所述相邻的两个固定杆之间。

所述第一围栏板的上端沿其横向边缘设置有横向固定部，所述横向固定部上设置有通孔，所述活动杆的一端通过所述通孔设置在所述横向固定部上且另一端绕所述通孔转动同时转动半径大于所述固定杆的长度；所述活动杆上设置遮挡杆，所述遮挡杆的两端经弯折后固定在所述活动杆上，且与所述活动杆的一部分围成一个空心遮挡面。

所述第三围栏板与所述第二围栏板平行，且所述第三围栏板与所述第二围栏板之间留有间隙，所述间隙左右两端分别设置具有一定间隔距离的第一边界板和第二边界板。

所述第三围栏板的上端设置所述门栓，所述门栓向上打开，使所述活动杆的另一端在该间隙中以所述通孔为中心在所述第一边界板和第二边界板之间来回移动；所述门栓向下关闭，使所述活动杆的另一端在该间隙中以所述通孔为中心在所述第一边界板和所述门栓之间来回移动，或者，在所述第二边界板和所述门栓之间来回移动。

在一些实施例中，所述相邻的设置有活动杆的两个固定杆之间的间隔距离是没有设置活动杆的固定杆之间的间隔距离的两倍，且所述的饲喂架设置在所述相邻的设置有活动杆的两个固定杆之间的间隔距离的 2/3 的位置。

在一些实施例中，所述相邻固定杆之间的距离两两相等，在所述第一围栏板的上端每相隔四个固定杆设置一个活动杆，活动杆的长度大于所述固定杆的长度。

在一些实施例中，所述饲喂架包括第一环形固定架和第二环形固定架，所述第一环形固定架的边缘与所述第一围栏板的外侧连接，所述第一环形固定架通过至少一根支撑条与所述第二环形固定架连接。

在一些实施例中，所述第一环形固定架通过三根支撑条与所述第二环形固定架连接，形成空心的柱体，同时，所述每根支撑条的位置等分所述第一环形固定架或第二环形固定架所围成的圆形面积。

在一些实施例中，所述横向固定部上设置多个通孔，所述通孔依次等距设置在所述横向固定部上，所述活动杆的一端通过该些通孔切换固定位置。

在一些实施例中，还包括第四围栏板，设置在所述第一围栏板的下方且与所述第一围栏板的距离不大于所述第一围栏板与所述第二围栏板之间的距离。

在一些实施例中，所述第一边界板和所述第二边界板的间隔距离不小于 6 个所述固定杆之间的距离，所述第一边界板和所述第二边界板沿着其两个相对的横向边设置在所述第三围栏板与所述第二围栏板的所述间隙之间。

在一些实施例中，所述固定杆为中间空心结构且垂直、等距设置在所述第一围栏板的上端，所述活动杆为中间空心结构与所述第一围栏板的上端呈一定角度设置。

在一些实施例中，所述饲喂架包括多个，分别设置在所述第一围栏板的外侧且位于设置有所述活动杆位置处的斜下方。

从上面所述可以看出，本实用新型提供的犊牛饲喂装置，由于所述第三围栏板的上端设置所述门栓，所述门栓向上打开，使所述活动杆的另一端在该间隙中以所述通孔为中心在所述第一边界板和第二边界板之间来回移动，实现了根据犊牛的身形、头部的大小对饲喂口的调节，从而可以采用人工对喂养的时间、乳汁的摄入量进行有效地控制，同时，也避免了犊牛之间相互舔舐、吸吮，吃入或混入了其他脏东西。

更进一步，由于所述门栓向下关闭，使所述活动杆的另一端在该间隙中以所述通孔为中心在所述第一边界板和所述门栓之间来回移动，或者，在所述第二边界板和所述门栓之间来回移动，这样无论犊牛从哪个方向都无法进入饲喂窗口。有效地防止了犊牛多次进行觅食，也可以随着犊牛的迅速长大而调节饲喂窗口的大小，不受固定饲喂口的限制。

1.3.4 附图说明

具体实施结构与功能如下。

如图所示，该种犊牛饲喂装置包括门栓 101、至少一个活动杆 102、多个固定杆 103、第一围栏板 104、第二围栏板 105、第三围栏板 106 和至少一个饲喂架 107。

所述第一围栏板 104 的上端设置固定杆 103，所述固定杆 103 设置在所述第一围栏

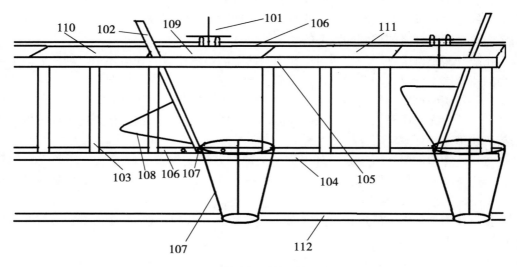

图 一种犊牛饲喂装置的示意图

101—门栓　102—活动杆　103—固定杆　104—第一围栏板　105—第二围栏板
106—第三围栏板　107—饲喂架　108—遮挡杆　109—间隙　110—第一边界板
111—第二边界板　112—第四围栏板

板 104 和所述第二围栏板 105 之间；其中，相邻的两个固定杆 103 之间设置有活动杆 102，所述相邻的设置有活动杆 102 的两个固定杆 103 之间的间隔距离大于没有设置活动杆 102 的固定杆 103 之间的间隔距离，所述第一围栏板 104 的外侧设置有饲喂架 107 且位置在设置有活动杆 102 的所述相邻的两个固定杆 103 之间；通过活动杆 102 和固定杆 103 交叉设计，将犊牛饲喂装置原有的固定围栏变为成为了可活动的结构，这样可以便于饲养人员根据犊牛的生长情况调节犊牛的饲喂时间和饲料。同时，可以在固定杆 103 上安放带有鲜明颜色的标签，以此来确定固定杆 103 的个数，比如，可以相邻 4 个固定杆 103 安放一个标签，提示此处需要设置饲喂架 107。

所述第一围栏板 104 的上端沿其横向边缘设置有横向固定部 106，所述横向固定部 106 上设置有通孔 107，所述活动杆 102 的一端通过所述通孔 107 设置在所述横向固定部 106 上且另一端绕所述通孔 107 转动同时转动半径大于所述固定杆 103 的长度；所述活动杆 102 上设置遮挡杆 108，所述遮挡杆 108 的两端经弯折后固定在所述活动杆 102 上，且与所述活动杆 102 的一部分围成一个空心遮挡面；空心遮挡面可以根据活动杆 102 摆动到一侧，挡住犊牛的头深入饲喂口，从而实现饲喂装置的闭合。同理，空心遮挡面可以根据活动杆 102 摆动到另一侧，从而不挡住犊牛的头深入饲喂口，实现饲喂装置的开启。

所述第三围栏板 106 与所述第二围栏板 105 平行，且所述第三围栏板 106 与所述第二围栏板 105 之间留有间隙 109，所述间隙 109 左右两端分别设置具有一定间隔距离的第一边界板 110 和第二边界板 111；所述间隙 109 主要作用在于将活动杆 102 限制在第三围栏板 106 与所述第二围栏板 105 之间，以防止被犊牛冲撞造成损坏或者歪斜。

所述第三围栏 106 板的上端设置所述门栓 101，所述门栓 101 向上打开，使所述活动杆 102 的另一端在该间隙 109 中以所述通孔 107 为中心在所述第一边界板 110 和第二边界板 111 之间来回移动；这样一来，通过门栓 101 控制活动杆 102 的转动，实现了根据犊牛的身形、头部的大小对饲喂口的调节，从而可以采用人工对喂养的时间、乳汁的摄入量进行有效地控制，同时，也避免了犊牛之间相互舔舐、吸吮，吃入或混入了其他脏东西。

所述门栓 101 向下关闭，使所述活动杆 102 的另一端在该间隙 109 中以所述通孔 107 为中心在所述第一边界板 110 和所述门栓 101 之间来回移动，或者，在所述第二边界板 111 和所述门栓 101 之间来回移动。这样一来，通过门栓 101 限制住控制活动杆 102 的转动，无论犊牛从哪个方向都无法进入饲喂窗口。有效地防止了犊牛多次进行觅食，也可以随着犊牛的迅速长大而调节饲喂窗口的大小，不受固定饲喂口的限制。

在本方案中，优选地，所述相邻的设置有活动杆 102 的两个固定杆 103 之间的间隔距离是没有设置活动杆 102 的（相邻）固定杆 103 之间的间隔距离的两倍，且所述的饲喂架 107 设置在所述相邻的设置有活动杆 102 的两个固定杆 103 之间，在所述两个固定杆 103 的间隔距离的 2/3 的位置。相邻的设置有活动杆 102 的两个固定杆 103 之间的间隔距离优选设置为没有设置活动杆 102 的两个相邻固定杆 103 的间隔距离的两倍，考虑到犊牛的头部大小设置，太大犊牛会容易从饲喂口钻出，无法达到阻挡的效果，太小则犊牛无法从饲喂口里钻出，也不利于犊牛的喂养。所以，经过试验和研究将上述间隔距离优选为 2 倍最为合适。饲喂架 107 的设置可以设置在所述活动杆 102 的任意一侧，优选在其两侧间隔距离的 2/3 处，达到最优的饲喂效果。在本方案中，优选地，所述相邻的设置有活动杆 102 的两个固定杆 103 之间的间隔距离是没有设置活动杆 102 的（相邻）固定杆 103 之间的间隔距离的 3 倍，且所述的饲喂架 107 设置在所述相邻的设置有活动杆 102 的两个固定杆 103 之间，在所述两个固定杆 103 的间隔距离的 1/3 的位置。

在本方案中，优选地，所述相邻固定杆 103 之间的距离两两相等，在所述第一围栏板 104 的上端每相隔四个固定杆 103 设置一个活动杆 102，所述活动杆 102 的长度大于所述固定杆 103 的长度。将相邻固定杆 103 之间的距离设置为两两相等，主要是有利于饲喂装置美观且容易区分设置活动杆的位置。所述活动杆 102 的长度需要大于所述固定杆 103 的长度，一般而言，选择大于固定杆 103 的 3/10 较为合适，既节约材料又便于手动操作活动杆 103。

在本方案中，优选地，所述饲喂架 107 包括第一环形固定架和第二环形固定架，所述第一环形固定架的一侧边缘与所述第一围栏板的外侧连接，所述第一环形固定架通过至少一根支撑条与所述第二环形固定架连接。更进一步，在本方案中，优选地，所述第一环形固定架通过 3 根支撑条与所述第二环形固定架连接，形成空心的柱体，同时所述每根支撑条的位置等分所述第一环形固定架或第二环形固定架所围成的圆形面积。为了得到所述饲喂架 107 的空心的形状，可以将饲喂架 107 按照以上的描述设计，当然一般而言可以将第一环形固定架所围成的圆面积大于第二环形固定架所围成的圆面积，这样可以方便放置用于盛放牛奶、乳汁等饲喂器皿，同时，防止犊牛在觅食时误将器皿打翻。

　　在本方案中，优选地，所述横向固定部 106 上设置多个通孔 107，所述通孔 107 依次等距设置在所述横向固定部 106 上，所述活动杆 102 的一端通过该些通孔 107 切换固定位置。设置多个通孔 107，饲养员可以根据犊牛的成长情况，调节活动杆 102 的位置，解决了现有技术中饲喂口无法进行调节的问题，从而达到一杆多用的效果，节约了饲喂的成本。

　　在本方案中，优选地，还包括第四围栏板 112，设置在所述第一围栏板 104 的下方且与所述第一围栏板 104 的距离不大于所述第一围栏板 104 与所述第二围栏板 105 之间的距离。设置第四围栏板 112 的作用主要在于防止身形较小的犊牛从地下钻出，造成经济损失。作为优选地，将所述第一围栏板 104 的距离设置为不大于所述第一围栏板 104 与所述第二围栏板 105 之间的距离。

　　在本方案中，优选地，所述第一边界板 110 和所述第二边界板 111 的间隔距离不小于 6 个所述固定杆 103 两两相邻的间隔距离，所述第一边界板 110 和所述第二边界板 111 沿着各自两个相对的横向边设置在所述第三围栏板 106 与所述第二围栏板 105 的所述间隙 109 之间。第一边界板 110 和所述第二边界板 111 作用实际上是用来固定所述第一边界板 110 和所述第二边界板 111，同时，能够使活动杆 102 在自然状态下靠其上，在门栓 101 向下关闭的情况下，限制了活动杆 102 在一端的活动范围。在门栓 101 向上开启的情况下，限制了活动杆 102 在第一边界板 110 和所述第二边界板 111 两端的活动范围。

　　在本方案中，优选地，所述固定杆 103 为中间空心结构且垂直、等距设置在所述第一围栏板 104 的上端，所述活动杆 102 为中间空心结构与所述第一围栏板 104 的上端呈一定角度设置。将所述固定杆 103 和活动杆 102 设计为空心的结构首先是出于节约材料的角度考虑，同时，也便于生产和安装，降低了饲喂装置的成本。

　　在本方案中，优选地，所述饲喂架 107 包括多个，分别设置在所述第一围栏板 104 的外侧且位于设置有所述活动杆 102 位置处的斜下方。为了同时饲喂多头犊牛需要设置多个饲喂架 107，可以达到饲喂的要求，且设置在有所述活动杆 102 位置处的斜下方，是方便犊牛在活动杆 102 打开时（朝向一侧倾斜放置），将头伸出饲喂窗口进行觅食。

　　本技术申请了国家专利保护，获得的专利号为：ZL 2014 2 387630.4

1.4　一种奶牛卧床

1.4.1　技术领域

本设备涉及畜牧养殖用装置，尤其是指一种供牛只隔离休息的奶牛卧床。

1.4.2　背景技术

将奶牛集中在舍栏内进行圈养，便于提高管理效率，对环境的控制及粪便的清理，因而被规模化养殖模式普遍采用。特别是对于产奶家畜，集中的科学喂养能够有效提高奶牛的产奶率和产奶质量，并且，便于管理者及时对家畜进行疾病预防和精准饲喂。

牛的集中喂养需要对牛群进行合理的卫生控制和有序空间安置。由于牛是反刍动物，需要舒适而安静的空间以保证其正常进食和休息，以提高养殖效率。无序的围栏圈养不仅会造成牛群相互挤靠，影响正常的反刍和休息，还会因牛群的排泄物凌乱而致使清扫不干净，污秽不堪，牛体易沾染排泄物，易滋生疾病。

现有的牛卧床虽然能够将牛进行分体圈养，但是设计并不合理。一方面卧床底座为地面或实心台阶，通风不畅，在夏日温度较高，易引起牛不适；另一方面现有卧床均为固定式设置，不易安装和拆卸，不便于管理。因此，研究设计躺卧方便、互不干扰、安装与拆卸方便的奶牛卧床，对规模化牛场具有重要的实用价值。

1.4.3　解决方案

本研究所解决的技术问题是克服现有技术中奶牛卧床不易散热、不易安装于拆卸等问题，提供一种简单实用的奶牛卧床。

为克服上述技术问题，本研究提供的一种奶牛卧床包括卧床主体、卧栏、竖直支撑杆、挡胸杆和纵向连杆；所述卧床主体为长方形板体，均匀设置有通气孔，所述卧床主体下表面沿两条短边设置有两个承重台；所述卧床主体上表面沿其一条长边等间隔竖直设置有多组竖直支撑杆，每根竖直支撑杆上固定有一卧栏，各卧栏均与卧床主体的短边平行；各卧栏底部靠近竖直支撑杆的位置通过一根纵向栏杆相互连接；相邻卧栏底部中部通过挡胸杆相互连接。

可选的，所述卧栏包括上横栏、下横栏和斜栏；所述上横栏和下横栏平行固定于所述竖直支撑杆上，所述上横栏位于所述下横栏上方且长度大于所述下横栏，所述下横栏与所述卧床主体相隔一定距离；所述上横栏远离所述竖直支撑杆的一端通过斜栏与所述下横栏远离所述竖直支撑杆的一端固定。

可选的，设置于所述卧床主体一端的承重台外表面设置有卡合孔，设置于所述卧床主体另一端的承重台外表面设置有与所述卡合孔配合的卡舌。

可选的，在所述卧床主体下表面，除两端的位置外，还等距平行设置有至少一个承重台。

综上所述，可以看出，本研究提供的一种奶牛卧床，相邻卧床间可拆卸，便于安装和拆卸，同时便于管理；卧床主体上设置有通气孔，还与地面间隔一定距离，保证了底部通风，可以有效降低卧床温度，提高牛只躺卧的舒适性。

1.4.4　附图说明

从图1-4-1至图1-4-5描述了该设备的结构与功能图。

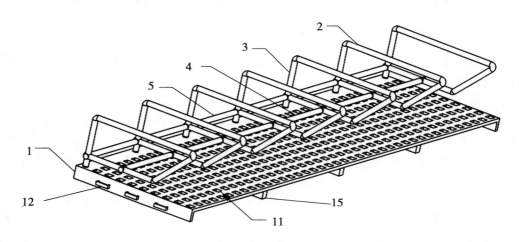

图1-4-1　一种奶牛卧床的立体示意图

1—主体　2—卧栏　3—竖直支撑杆　4—挡胸杆　5—纵向连杆

11—通气孔　12—卡合孔　15—承重台

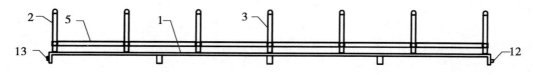

图1-4-2　奶牛卧床的主视图

1—主体　2—卧栏　3—竖直支撑杆　5—纵向连杆　12—卡合孔　13—卡舌

具体结构说明如下。

图1-4-1为一种奶牛卧床的实施例的立体示意图；图1-4-2为其主视图；图1-4-3为其后视图。如图所示，本奶牛卧床包括卧床主体1、卧栏2、竖直支撑杆3、挡胸杆4和纵向连杆5。所述卧床主体1为长方形板体，均匀设置有通气孔11，所述卧床主体1下表面沿两条短边设置有两个承重台15；所述卧床主体1上表面沿其一条长边等间隔竖直设置有多组竖直支撑杆3，每根竖直支撑杆3上固定有一卧栏2，

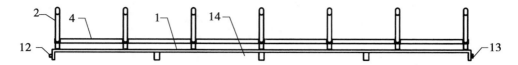

图 1-4-3 一种奶牛卧床的后视图

1—主体 2—卧栏 4—挡胸杆 12—卡合孔 13—卡舌 14—通气空间

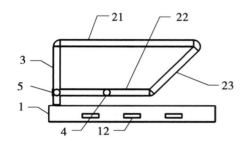

图 1-4-4 一种奶牛卧床的左视图

1—主体 3—竖直支撑杆 4—挡胸杆

5—纵向连杆 12—卡合孔 21—上横栏

22—下横栏 23—斜栏

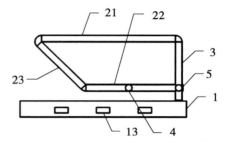

图 1-4-5 一种奶牛卧床的右视图

1—主体 3—竖直支撑杆 4—挡胸杆

5—纵向连杆 13—卡舌 21—上横栏

22—下横栏 23—斜栏

各卧栏 2 均与卧床主体 1 的短边平行；各卧栏 2 底部靠近竖直支撑杆 3 的位置通过一根纵向栏杆 5 相互连接；相邻卧栏 2 底部中部通过挡胸杆 4 相互连接。在本实施例中，两相邻卧栏 2 之间形成供一头牛躺卧的空间，在卧床主体 1 上还可以铺设软垫，以使得牛只躺卧更加舒适；卧床主体 1 均匀设置有通气孔 11，并且通过承重台 15 支承远离地面，这样就在卧床主体 1 下方形成一通气空间 14，在夏日天气较热时可以保证空气流通，降低卧床主体 1 的温度。挡胸杆 4 设置于相邻卧栏 2 底部中部，牛只如躺卧与挡胸杆 4 上，会感到不适，所以，只会躺卧于挡胸杆 4 一侧，将头部置于挡胸杆 4 另外一侧，可以保证牛只在站起过程中，头部有足够的空间。

图 1-4-4 为设备的左视图；图 1-4-5 为其右视图。如图所示，所述卧栏 2 包括上横栏 21、下横栏 22 和斜栏 23；所述上横栏 21 和下横栏 22 平行固定于所述竖直支撑杆 3 上，所述上横栏 21 位于所述下横栏 22 上方且长度大于所述下横栏 22，所述下横栏 22 与所述卧床主体 1 相隔一定距离；所述上横栏 21 远离所述竖直支撑杆的一端通过斜栏 23 与所述下横栏 22 远离所述竖直支撑杆的一端固定。下横栏 22 与所述卧床主体 1 相隔一定距离，以空出足够空间供铺设软垫；上横栏 21 位于所述下横栏 22 上方且长度大于所述下横栏 22，以图 1-4-4 为观察视角，在右侧（即牛只躺卧时尾部所在位置）形成三角形的活动空间，可以使牛只活动更加自由，防止因空间狭窄不适，导致牛只不愿躺卧。

在本方案中，设置于所述卧床主体 1 一端的承重台 15 外表面设置有卡合孔 12，设置于所述卧床主体 1 另一端的承重台 15 外表面设置有与所述卡合孔 12 配合的卡舌 13。在进行大规模饲养时，相邻牛卧床可以通过卡合孔 12 和卡舌 13 相互连接、固定，增加稳定性。

在本方案中，卧床主体 1 下表面，除两端的位置外，还等距平行设置有至少一个承重台 15，更好地分担牛只体重以防止卧床主体 1 中部发生凹陷。

综上可见，本设计提供的一种奶牛卧床，相邻卧床间可拆卸，便于安装和拆卸，同时便于管理；卧床主体上设置有通气孔，还与地面间隔一定距离，保证了底部通风，可以有效降低卧床温度，提高牛只躺卧的舒适性。

本技术申报了国家专利保护，获得的专利号为：ZL 2015 2 0431437. 0

1.5　一种奶牛修蹄固定装置

1.5.1　技术领域

本实用新型涉及畜牧生产装置，特别是指一种奶牛修蹄固定装置。

1.5.2　背景技术

奶牛养殖场每年春秋两季需要给牛只进行蹄部诊断和修整，在此过程中，需要将牛事先固定，以免误伤工作人员。现有技术通常采用人工辅助固定或专用支架固定；人工辅助固定指工作人员使用一些辅助固定器械，将牛只固定在牛栏或其他设施上，这种方式不但较为费力，还存在一定的危险，且无法达到良好的诊断和修整效果，更不能满足动物福利的要求；专用支架通常将牛只以立式固定，并悬吊离地，工作人员在底部进行操作，这种方式牛只会承受悬吊的固定带或绳索较大的支撑力，时间长久后感到不适，引起挣扎，并且，固定效果也不甚理想。因此，研究开发一种既满足动物福利，又操作便利的奶牛修蹄装置是有巨大市场需求的。

1.5.3　解决方案

本技术研究的目的在于提出一种具备竖直与水平两种工作状态的奶牛修蹄固定装置。一种奶牛修蹄固定装置，其特征在于，包括翻转支架（1）和底部支架（2），翻转支架（1）转动连接至所述底部支架（2），其中：

翻转支架（1）包括背板（120）和固定于背板（120）上的侧栏（110），背板（120）与侧栏（110）之间形成供奶牛通过的通道；背板（120）上设置有用于固定奶牛的固定带（130）；通道的一端设置有转动连接于侧栏（110）上的卡位门（140），卡位门（140）顶部的侧栏（110）上设置有用于限制卡位门（140）位置的锁定机构（150）。

底部支架（2）包括翻转机构（220），翻转机构（220）用于将所述翻转支架（1）由竖直状态翻转至水平状态，或将所述翻转支架（1）由水平状态翻转至竖直状态。

所述背板（120）顶部设置有用于牵引固定带（130）的牵引机构（122）。

所述牵引机构（122）包括设置于所述背板（120）顶部的牵引电机（1221），所述牵引电机（1221）的转动部通过一牵引绳（1222）连接至所述固定带（130）远离所述背板（120）的一端。

所述背板（120）背面设置有用于束紧所述固定带（130）的束紧机构（121）；所述固定带（130）穿过所述背板（120）上设置的孔连接至所述束紧机构（121）。

所述束紧机构（121）包括带轴（1211）、棘轮（1212）、限位销（1213）和施力柄（1214）；所述带轮（1211）转动设置于所述背板（120）背部的支架上，所述固定带（130）的一端固定于所述带轮（1211）上；所述带轮（1211）一端设置有所述棘轮（1212），所述限位销（1213）一端转动连接至背板（120），另一端搭至所述棘轮（1212）的齿上；所述棘轮（1212）外侧设置有所述施力柄（1214）。

所述锁定机构（150）包括杠杆（151）、支撑杆（152）和卡榫（153）；所述支撑杆（152）竖直固定于所述卡位门（140）上部的侧栏（110）顶端；所述杠杆（151）中部转动连接至所述支撑杆（152）顶部，所述杠杆（151）靠近所述背板（120）的一端转动连接至所述卡榫（153），所述卡榫（153）穿过设置于所述卡位门（140）上部的侧栏（110）上的通孔，竖直设置；所述卡位门（140）顶部设置有一卡位孔，当卡位门（140）闭合时，所述卡榫（153）底端卡合至所述卡位孔内。

所述锁定机构（150）还包括弹簧仓（154）；所述卡榫（153）侧面固定有一板状的弹簧挡板（1531），当卡榫（153）处于卡合状态时所述弹簧挡板（1531）与所述侧栏（110）顶端接触；所述卡榫（153）穿过所述弹簧仓（154），在弹簧仓（154）和弹簧挡板（1531）之间设置有弹簧（1532）。

所述卡位门（140）上，卡位孔的两侧对称设置有 2 个楔形的推顶块（141）。

所述翻转机构（220）包括翻转电机（221）和翻转绳（222）；所述翻转电机（221）固定于所述底部支架（2）上，其转动部上固定有所述翻转绳（222），当转动部转动时，翻转绳（222）的一端伸长而另一端缩短；所述翻转绳（222）的一端连接至所述背板（120）上部，其另一端连接至所述背板（120）下部。

所述翻转支架（1）侧面转动连接有定位杆（160），所述底部支架（2）侧面设置有定位尺（210），所述定位尺（210）水平设置，其上表面设置有多个用于固定所述定位杆（160）的卡槽。

1.5.4　附图说明

图 1-5-1 至图 1-5-6 为研究设计的奶牛修蹄固定装置的结构与工作状态示意

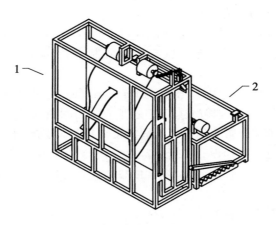

图 1-5-1　一种奶牛修蹄固定状态的立体示意图
1—翻转支架　2—底部支架

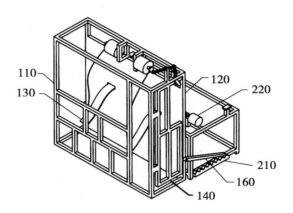

图 1 - 5 - 2　一种奶牛修蹄固定状态立体示意图（带具体标记编号）

110—侧栏　120—背板　130—固定带　140—卡位门

160—定位杆　210—定位尺　220—翻转机构

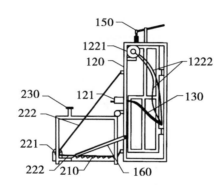

图 1 - 5 - 3　一种奶牛修蹄固定状态的侧视图

120—背板　121—束紧机构　1221—牵引电机　1222—牵引绳　130—固定带　150—锁定机构

160—定位杆　210—定位尺　221—翻转电机　222—翻转绳　230—支撑托

图，具体结构与功能说明如下。

　　图 1 - 5 - 1 为本研究提供的一种奶牛修蹄固定状态的实施例的立体示意图；图 1 - 5 - 2 为一种奶牛修蹄固定状态的实施例添加具体标记序号后的立体示意图。

　　如图所示，本奶牛修蹄固定装置，包括翻转支架 1 和底部支架 2，翻转支架 1 转动连接至所述底部支架 2。

　　翻转支架 1 包括背板 120 和固定于背板 120 上的侧栏 110，背板 120 与侧栏 110 之间形成供奶牛通过的通道；背板 120 上设置有用于固定奶牛的固定带 130；通道的一端设置有转动连接于侧栏 110 上的卡位门 140，卡位门 140 顶部的侧栏 110 上设置有用于限制卡位门 140 位置的锁定机构 150。

　　底部支架 2 包括翻转机构 220，翻转机构 220 用于将所述翻转支架 1 由竖直状态翻

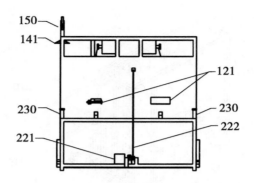

图 1 − 5 − 4　一种奶牛修蹄固定状态的后视图

121—束紧机构　141—推顶块　150—锁定机构　221—翻转电机　222—翻转绳支撑托

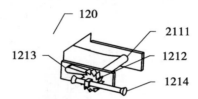

图 1 − 5 − 5　一种奶牛修蹄固定状态的中束紧机构放大示意图

120—背板　1211—带轮　1212—棘轮　1213—限位销　1214—施力柄

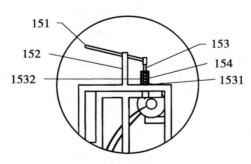

图 1 − 5 − 6　一种奶牛修蹄固定状态的中锁定机构放大示意图

151—杠杆　152—支撑杆　153—卡榫　1531—弹簧挡板　1532—弹簧　154—弹簧仓

转至水平状态，或将所述翻转支架 1 由水平状态翻转至竖直状态。

　　进一步，所述底部支架 2 两侧上部设置有支撑托 230，用于在翻转支架 1 处于水平状态时支承所述翻转支架 1；可选的，所述支撑托 230 具备缓冲功能，防止所述翻转支架 1 在翻转至水平状态时速度过快发生碰撞。

　　进一步，卡位门 140 上半部在靠近所述背板 120 一侧设置有开口，用于卡持牛只脖颈。

下面结合附图对上述装置进行具体说明。

进一步，所述背板120顶部设置有用于牵引固定带130的牵引机构122。

图1-5-3为本装置的侧视图。所述牵引机构122包括设置于所述背板120顶部的牵引电机1221，所述牵引电机1221的转动部通过一牵引绳1222连接至所述固定带130远离所述背板120的一端。牵引电机1221启动后，可转动从而收紧牵引绳1222，进一步牵拉固定带130，从而将处于固定带130中的奶牛固定；在需要松开奶牛时，只要翻转电机，松开牵引绳1222即可。

图1-5-4为本奶牛修蹄固定状态的后视图。进一步，所述背板120背面设置有用于束紧所述固定带130的束紧机构121；所述固定带130穿过所述背板120上设置的孔连接至所述束紧机构121。

图1-5-5为本奶牛修蹄固定状态的束紧机构的放大示意图。如图所示，具体的，所述束紧机构121包括带轴1211、棘轮1212、限位销1213和施力柄1214；所述带轮1211转动设置于所述背板120背部的支架上，所述固定带130的一端固定于所述带轮1211上；所述带轮1211一端设置有所述棘轮1212，所述限位销1213一端转动连接至背板120，另一端搭至所述棘轮1212的齿上；所述棘轮1212外侧设置有所述施力柄1214。

以图1-5-5为观察视角，当牵引机构122牵引牵引绳1222，带动固定带130收紧从而固定牛只时，为了防止牵引电机1221施力过大导致牛只的不适，在即将收紧完成时，可停止并定位牵引电机1221，人工操作施力柄1214顺时针转动棘轮1212，直至固定带130收紧至最佳程度，此时松开施力柄1214，棘轮会被限位销1213限位无法回转，从而完成固定。

可选的，所述施力柄1214活动设置于所述棘轮1212外侧的通孔内，在不同角度时，可将施力柄1214沿通孔滑动，从而获取最长的力矩，以达到最佳的省力目的。

图1-5-6为本奶牛修蹄固定状态的锁定机构的放大示意图。如图所示，所述锁定机构150包括杠杆151、支撑杆152和卡榫153；所述支撑杆152竖直固定于所述卡位门140上部的侧栏110顶端；所述杠杆151中部转动连接至所述支撑杆152顶部，所述杠杆151靠近所述背板120的一端转动连接至所述卡榫153，所述卡榫153穿过设置于所述卡位门140上部的侧栏110上的通孔，竖直设置；所述卡位门140顶部设置有一卡位孔，当卡位门140闭合时，所述卡榫153底端卡合至所述卡位孔内。

可选的，所述锁定机构150还包括弹簧仓154；所述卡榫153侧面固定有一板状的弹簧挡板1531，当卡榫153处于卡合状态时所述弹簧挡板1531与所述侧栏110顶端接触；所述卡榫153穿过所述弹簧仓154，在弹簧仓154顶部和弹簧挡板1531之间设置有弹簧1532。

进一步，所述卡位门140上，卡位孔的两侧对称设置有2个楔形的推顶块141。

以图1-5-6为观察视角，当卡位门140从纸面转动至纸外的过程中，推顶块141会向上顶起卡榫153，当卡位门140转动至与纸面平行时，卡榫153落入卡位门140顶部设置的卡位孔中，完成卡位。

可选的，所述翻转机构 220 包括翻转电机 221 和翻转绳 222；所述翻转电机 221 固定于所述底部支架 2 上，其转动部上固定有所述翻转绳 222，当转动部转动时，翻转绳 222 的一端伸长而另一端缩短；所述翻转绳 222 的一端连接至所述背板 120 上部，其另一端连接至所述背板 120 下部。当翻转电机 221 转动时，可根据转动方向，决定将翻转支架 1 翻转至水平，或翻转回竖直。

可选的，底部支架 2 上通过弹簧设置有至少一动滑轮，所述翻转绳 222 绕过所述动滑轮。在翻转电机 221 运作过程中，连接至背板 120 上部和连接至本班 120 下部的翻转绳 222 的总长度会发生变化，容易导致牵引不足，甚至因长度不足导致崩断。因此，设置一带有弹簧的动滑轮，可以自适应地调整翻转绳 222 长度。

可选的，所述翻转支架 1 侧面转动连接有定位杆 160，所述底部支架 2 侧面设置有定位尺 210，所述定位尺 210 水平设置，其上表面设置有多个用于固定所述定位杆 160 的卡槽。在一些情况下，如需要将牛只倾斜一定角度而不需要将其完全置为水平时，可以在翻转支架 1 转动一定角度后，将定位杆 160 支撑在定位尺 210 中适当的卡槽处，从而实现一定角度的倾斜。

上述各电机的操作方式可以为有线按钮操作，也可以是无线遥控操作；其操作面板可以为分散也可集中设置在本装置的某一部位，由于电机控制方式在现有技术是公开的，在此不再赘述。

本装置在使用时，首先将翻转支架 1 设置为垂直状态，将卡位门 140 朝向内部半开（内部指以图 1–5–6 为观察视角垂直纸面向内），将牵引绳 1222 及固定带 130 均调整至较长状态，将牛只赶入翻转支架 1 内，牛只头部伸出卡位门 140 上设置的开口，而身体带动卡位门 140 转动并锁死，牛只脖颈被卡位门卡持，无法前后移动；控制牵引电机 1221 启动，收紧牵引绳 1222，将牛只固定至背板 120 上，并通过调节束紧机构 121 最终完全固定。控制翻转电机 221 启动，将翻转支架 1 由竖直状态调整至水平状态（或使用定位杆 160 调整至某一倾斜状态），进行诊断和修整，操作完毕后将翻转支架 1 重新调整至竖直，松开牵引绳 1222 释放牛只，压下杠杆 151 松开卡位门 140，让牛只自然走出本装置即可。

综上可见，本实用新型提供的一种奶牛修蹄固定装置，可以实现牛只自动锁定，自动翻转，并且，可以设定多种工作状态（倾斜或水平），既能保证操作安全，又可以提高工作效率。

本研究装置申报了国家发明专利保护。

1.6　一种组合式解剖台

1.6.1　技术领域

本实用新型涉及动物解剖学器械，尤其是指一种组合式解剖台。

1.6.2　背景技术

在动物医学领域，动物解剖学是重要的分支，无论是进行手术研究，还是进行屠宰加工，通过解剖深入了解动物的生理结构特征是一个基本前提。对于小型动物来说，可使用常规解剖台进行解剖；而对于大型动物如牛只等，在进行动物尸体或胴体搬运时则尤为费力。以牛只解剖为例，通常依靠人力将放血去毛后的牛只胴体抬上解剖台，不但劳动强度大，也不卫生，还容易对牛只外表产生破坏，并且，大型动物尸体或胴体重量大，不易翻转或偏移，不便于进行特定部位的解剖，不能满足精细化分割、人性化操作的要求。部分研究机构采用机械化悬吊机构进行大型动物尸体或胴体的搬移，虽然可以达到省力、卫生的效果，但是前期成本高，并且，无法移动悬吊机构的位置，局限性较大。因此，需要一种便于搬运大型动物尸体或胴体的解剖台，以满足大型动物解剖的要求。

1.6.3　解决方案

本设备解决的技术问题是克服现有动物解剖台不便于搬运大型动物尸体或胴体的缺陷，提供一种便于搬运大型动物尸体或胴体的组合式解剖台。该解剖台包括台体，包括竖直设置的台体支架和设置于所述台体支架顶部的台面，所述台体支架的底部设置有可锁死的万向轮；支撑体，包括底座和支撑体支架，所述支撑体可拆卸地设置于所述台体上表面，用于支承待解剖胴体；斜坡体，包括斜坡体支架，所述斜坡体支架包括设置有滚轮的斜面，所述斜坡体可拆卸地设置于所述台体侧面，所述斜坡体支架设置有滚轮的所述斜面的底部与地面接触，顶部与所述台面边缘接触。

可选的，所述台面为长方形，所述台面的两条长边均设置有防落沿。

可选的，所述支撑体底座侧面设置有与所述防落沿相配合的防落槽。

可选的，所述斜坡体支架靠近所述台体的一面设置有搭扣，所述搭扣可拆卸地固定于所述台体支架的横梁上。

可选的，所述台面两条短边均设置有血槽，所述血槽底部连接有与所述血槽相通的导管，所述导管远离所述血槽的一端竖直向下，指向设置于所述台体支架侧面的收集桶支架；所述收集桶支架上可拆卸地设置有收集桶。

综上所述，可以看出，本设计提供的一种组合式解剖台结构简单、便于搬运大型动物尸体或胴体，能够满足大型动物解剖的需要。

1.6.4　附图说明

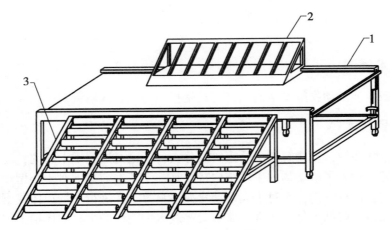

图 1-6-1　一种组合式解剖台的整体示意图

1—台体　2—支撑体　3—斜坡体

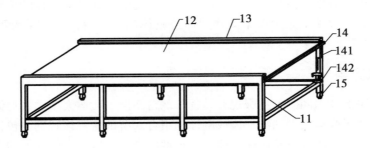

图 1-6-2　一种组合式解剖台的台体立体图

11—台体支架　12—台面　13—防落沿　14—血槽　141—导管　142—收集桶支架　15—万向轮

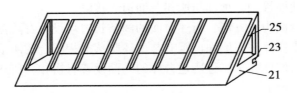

图 1-6-3　一种组合式解剖台的支撑体立体图

21—底座　23—防落槽　25—支撑体支架

具体结构描述如下。

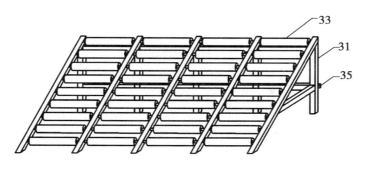

图1-6-4　一种组合式解剖台的斜坡体的立体图
31—斜坡体支架　33—滚轮　35—搭扣

图1-6-1为一种组合式解剖台的整体示意图。如图所示，本结构包括：

台体1，即解剖台主体，用于放置带解剖的动物尸体或胴体；

支撑体2，设置于解剖台1上表面，用于支撑动物尸体或胴体，以使得动物尸体或胴体保持适于解剖的位置；

斜坡体3，用于将大型动物尸体或胴体搬运至台体1上时提供坡道。

图1-6-2为组合式解剖台的立体图，如图所示，台体1包括竖直设置的台体支架11和设置于所述台体支架11顶部的台面12；所示台体支架11有多个，以便于分散大型动物的体重；所述台体支架11的底部设置有可锁死的万向轮15，在可以方便移动解剖台，同时，在解剖进行时将万向轮15锁死，保持解剖台稳定。

所述台面12为长方形，所述台面12的两条长边均设置有防落沿13，此防落沿13用于阻挡支撑体2以防止其从台面12滑落，并且，支撑体2上设置有和防落沿13相配合的结构，下文进行详述。

所述台面12两条短边均设置有血槽14，血槽14底部连接有与所述血槽14相通的导管141，导管141远离所述血槽14的一端竖直向下，指向设置于所述台体支架11侧面的收集桶支架142；收集桶支架142上可拆卸地设置有收集桶。由于在解剖过程中经常产生一定量的血液，为了避免污染，在台面12短边设置血槽14，配合台面12长边设置的防落沿13，可以保证解剖时产生的血液流入血槽14，在经过汇聚后从导管141流入收集桶支架142上设置的收集桶内，同时，在收集桶即将装满时，可以方便地进行更换或倾倒，便于操作。

可选的，上述导管142为可拆卸设置，便于更换和清洗。

图1-6-3为一种组合式解剖台支撑体的立体图。如图所示，支撑体2包括底座21和支撑体支架25，所述支撑体2可拆卸地设置于所述台体1上表面，尤其是设置于台面11的两条长边，并且可以根据需要选择设置一个或多个支撑体2，用于支承待解剖胴体；所述支撑体支架25包括一斜面，该斜面朝向所述台面12中部，在支承动物尸体或胴体时提供一定角度。所述底座21侧面设置有与所述防落沿13相配合的防落槽23，在进行解剖时，支撑体2的防落槽23与台体1的防落沿13嵌合，使得支撑体2可

以沿防落沿 13 滑动，且不会滑落，起到良好的支承作用。

可选的，所述支撑体支架 25 中的斜面为转动设置，其角度可调，可根据需要选择不同角度进行支承。

图 1-6-4 为一种组合式解剖台斜坡体的立体图。斜坡体 3 包括斜坡体支架 31，所述斜坡体支架 31 包括设置有滚轮 33 的斜面，所述斜坡体 3 可拆卸地设置于所述台体 1 侧面，且斜坡体支架 31 设置有滚轮 33 的斜面底部与地面接触，顶部与所述台面 12 边缘接触；所述斜坡体支架 31 靠近所述台体 1 的一面设置有搭扣 35，所述搭扣 35 可拆卸地固定于所述台体支架 11 的横梁上。在需要搬运大型动物尸体或胴体（如猪、牛等）至台体 1 上时，仅依靠人力较为困难，此时将斜坡体 3 设置于台体 1 侧面并通过搭扣 35 进行固定，可以将动物尸体或胴体通过斜坡体支架 31 的斜面移动至台体 1 上表面，由于所述斜面上设置有滚轮 33，可以减小摩擦力，使得移动更加省力。在将胴体搬运完毕后，松开搭扣 35，即可移除斜坡体 3，方便技术人员在台体 1 旁进行解剖操作。

可选的，斜坡体 3 侧面（设置有搭扣 35 的一面）还设置有万向轮，在需要搬运斜坡体 3 时，可以将其翻转 90°，使得斜坡体 3 侧面着地，利用万向轮进行移动，节省人力。

综上可见，本组合式解剖台的有益效果包括：

（1）在台体底部设置有可锁死的万向轮，便于移动，或辅助搬运大型动物尸体或胴体。

（2）在台面边缘设置防落沿，在台面上设置支撑体，两者相互配合，保证支撑体不会滑落，可以对大型动物尸体或胴体的位置、角度等进行调整，以进行特定部位的精细解剖，便于解剖工作的进行。

（3）在台面另外的边缘（未设置防落沿的边缘）设置血槽，血槽通过导管连接至可拆卸设置的收集桶，可以收集解剖过程中产生的血液或其他废液，保证环境卫生。

（4）在斜坡体的斜面设置有滚轮，使得搬运大型动物尸体或胴体更加省力。

（5）在斜坡体侧面设置有搭扣，可以将斜坡体与台体可拆卸固定，在搬运动物尸体或胴体时防止斜坡体滑动。

（6）在斜坡体侧面设置万向轮，在需要搬运斜坡体时，可将其翻转并利用万向轮在地面滑动，节省人力。

本研究装置申请了国家专利保护，获得的专利号为：ZL 2015 2 0083619.3

1.7　个体奶牛饲喂控制装置

1.7.1　技术领域

本实用新型涉及畜牧饲养领域，特别是指一种奶牛饲喂装置。

1.7.2　背景技术

在进行泌乳奶牛的精细饲喂和性能测定的试验研究中，需要准确计量每头奶牛每天的实际采食量，甚至每次的采食量与采食的时间。在获得每头牛的采食量后，结合每天计量的泌乳牛的产量，才能评价测定对象——泌乳牛的生产性能及产乳潜力，并获得完整的 DHI（奶牛性能）数据，为制定泌乳牛的营养调控及品种改良计划提供基础数据支撑。但是，国内外一直以来，则是通过对奶牛的单笼饲喂，通过人工称量每天每头牛的剩余采食量，计算单个奶牛每天的采食量。这种最为传统的饲喂量的计量方法，当饲喂的奶牛头数较多时，工作量大，难免会出现人为的错误，其次，也无法记录每头奶牛每天的采食规律。

随着现代信息技术，包括个体电子标识技术，自动感知（如近红外、RFID 技术等）技术及自动控制技术的快速发展，为研究基于奶牛个体的自动饲喂及自动计量技术提供了可能。若能结合上述技术，提供一种能够自动识别奶牛身份并记录其采食量的饲喂装置，则可以大大提高数据准确性，为科研生产提供助力。

1.7.3　解决方案

有鉴于此，本技术研究的目的在于提出一种能够实现科学饲养、个性化饲喂的奶牛饲喂装置。

基于上述目的本研究开发的奶牛饲喂装置，包括料斗、支撑座、栏杆和阻挡单元；所述料斗为上部开放的斗状容器，所述料斗可拆卸设置于所述支撑座上；所述支撑座有 2 个，对称设置于所述料斗两侧的地面上，用于支撑所述料斗，还用于称量料斗及其盛放的饲料的重量；所述栏杆设置于所述料斗的一侧，栏杆中部设置有用于供奶牛头部通过的取食空间；所述阻挡单元设置于所述料斗和所述栏杆之间，用于阻挡不符合条件的奶牛进食、放入符合条件的奶牛进食。

进一步，所述料斗包括提拉杆、支撑头、转动轴和连接架；所述料斗的后侧的上半部开放；所述料斗前侧中部设置有一开口，所述开口上半部等宽，下半部宽度逐渐减小；所述料斗内部沿左右横向设置有所述提拉杆；所述支撑头有 2 个，对称设置于所述料斗的左右两侧，所述支撑头通过转动轴与所述料斗转动连接；所述 2 个支撑头通过绕过所述料斗底部的连接架相固定；所述支撑头远离所述料斗的一侧水平设置有 2 个卡位直杆，所述料斗通过所述卡位直杆架设于所述支撑座上。

进一步，所述料斗底部及侧面边角的内侧，设置半径至少为1厘米的圆角。

进一步，所述支撑座包括底座、称重模块和卡位模块；所述支撑座设置于地面；所述支撑座上端设置有所述称重模块，所述称重模块上端设置有所述卡位模块。

进一步，所述卡位模块上部平行开有2个卡位槽；所述卡位槽截面宽度与所述卡位直杆直径配合；所述2个卡位槽截面形状，下部竖直，上部向同一侧倾斜至少30°，上部与所述卡位模块的上边缘相接。

进一步，所述栏杆包括主栏杆、副栏杆和上横杆；所述主栏杆有2根，相隔第一距离设置；所述主栏杆下半段竖直，上半段分别向左右两侧倾斜，在上半段之间形成供奶牛头部通过的第一空间，在下半段之间形成不足奶牛头部通过、能够容纳奶牛颈部的第二空间；所述副栏杆自所述主栏杆下半段起，相隔第二距向左右两侧离等间距设置。

进一步，所述阻挡单元包括立柱、上红外发射模块、上红外接收模块、下红外发射模块、下红外接收模块、连接体和挡板；所述立柱有2根，对称设置于所述主栏杆左右两侧，任一所述立柱内设置有升降装置，所述升降装置通过所述连接体连接至正对所述主栏杆设置的挡板，用于带动所述挡板上下移动；所述上红外发射模块和上红外接收模块相对设置于2根所述立柱上侧，所述下红外发射模块和下红外接收模块相对设置于2根所述立柱下侧；所述挡板初始位置处于所述上红外发射模块和所述下红外发射模块之间。

当所述上红外接收模块检测不到红外光线时，所述升降装置带动所述挡板下移，直至所述挡板低于所述下红外发射模块和下红外接收模块；当所述上红外接收模块能够接收到光线，且所述下红外接收模块由不能接收到光线的状态变化为能够接收到光线的状态时，所述升降装置带动所述挡板上移，直至挡板回到初始位置。

从上面所述可以看出，本研究开发的奶牛饲喂装置，能够根据奶牛的身份编号，和服务器通信获取当前奶牛的进食情况，以此判定是否开放阻挡单元，允许奶牛进食，满足科学饲养、个性化饲喂的要求。本设备在研究国际同类装置的基础上，集成物联网核心技术，即电子标识技术、无线感知技术与自动控制技术，实现了对奶牛个体的自动识别、自动计量饲喂，并能获得基于个体的采食量规律曲线，为奶牛的精准饲喂技术的创新提供了基础的研究平台。

1.7.4 附图说明

以下从图1-7-1至图1-7-14描绘了装置的结构与控制机构。

具体结构与功能描述如下。

在描述前，特别说明如下，本说明中的"前"表示以图1-7-3为观察视角时的右侧、"后"表示以图1-7-3为观察视角时的左侧；"左"表示以图1-7-2为观察视角时的左侧，"右"表示以图1-7-2为观察视角时的右侧。

如图1-7-1至图1-7-4所示，本装置部分包括料斗1、支撑座2、栏杆3和阻挡单元4；所述料斗1为上部开放的斗状容器，所述料斗1可拆卸设置于所述支撑座2上；所述支撑座2有2个，对称设置于所述料斗1两侧的地面5上，用于支撑所述料斗

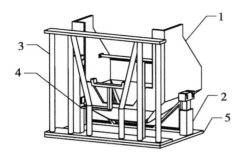

图 1-7-1 奶牛饲喂装置的立体示意图
1—料斗　2—支撑座　3—栏杆
4—阻挡单元　5—地面

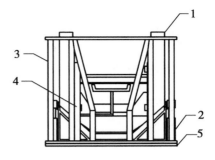

图 1-7-2 奶牛饲喂装置的主视图
1—料斗　2—支撑座　3—栏杆
4—阻挡单元　5—地面

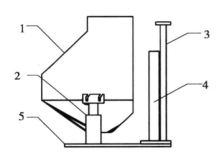

图 1-7-3 奶牛饲喂装置的侧视图
1—料斗　2—支撑座　3—栏杆
4—阻挡单元　5—地面

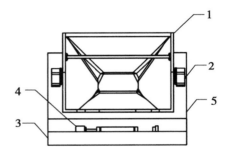

图 1-7-4 奶牛饲喂装置的俯视图
1—料斗　2—支撑座　3—栏杆
4—阻挡单元　5—地面

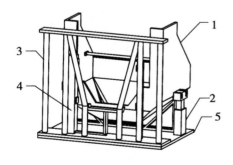

图 1-7-5 奶牛饲喂装置在阻挡单元降下
时的立体示意图
1—料斗　2—支撑座　3—栏杆
4—阻挡单元　5—地面

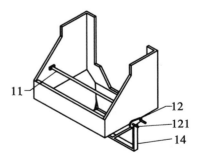

图 1-7-6 奶牛饲喂装置的料斗
立体示意图
11—提拉杆　12—支撑头
121—卡位直杆　14—连接架

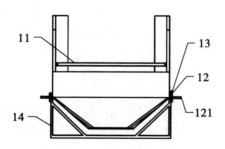

图1-7-7 奶牛饲喂装置的料斗主视图
11—提拉杆 12—支撑头 121—卡位直杆
13—转动轴 14—连接架

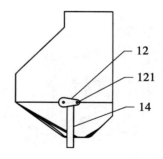

图1-7-8 奶牛饲喂装置的料斗侧视图
12—支撑头 121—卡位直杆 14—连接架

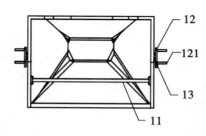

图1-7-9 奶牛饲喂装置的料斗俯视图
11—提拉杆 12—支撑头 121—卡位直杆 13—转动轴

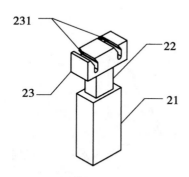

图1-7-10 奶牛饲喂装置支撑座的
立体示意图
21—底座 22—称重模块
23—卡位模块 231—卡位槽

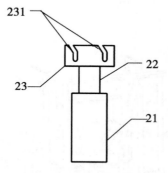

图1-7-11 奶牛饲喂装置支撑座的
侧视图
21—底座 22—称重模块
23—卡位模块 231—卡位槽

1，还用于称量料斗1及其盛放的饲料的重量；所述栏杆3设置于所述料斗的一侧，栏杆3中部设置有用于供奶牛头部通过的取食空间；所述阻挡单元4设置于所述料斗1和

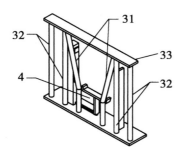

图1-7-12 奶牛饲喂装置的栏杆及阻挡
单元的立体示意图

4—阻挡单元 31—主栏杆
32—副栏杆 33—上横杆

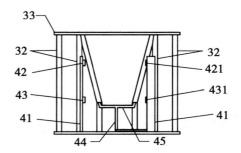

图1-7-13 奶牛饲喂装置栏杆及阻挡
单元的后视图

32—副栏杆 33—上横杆 41—立柱
42—上红外发射模块 421—上红外接收模块
43—下红外发射模块 431—下红外接收模块
44—连接体 45—挡板

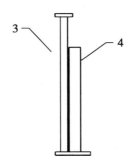

图1-7-14 奶牛饲喂装置的栏杆及阻挡单元侧视图
3—栏杆 4—阻挡单元

所述栏杆3之间,用于阻挡不符合条件的奶牛进食、放入符合条件的奶牛进食。如图1-7-5所示,当奶牛符合条件时,阻挡单元4的阻挡部会降下,允许奶牛将头低下取食,下面对上述各部分结构进行具体介绍。

如图1-7-5至图1-7-9所示,所述料斗1包括提拉杆11、支撑头12、转动轴13和连接架14;所述料斗1的后侧的上半部开放;所述料斗1前侧中部设置有一开口,所述开口上半部等宽,下半部宽度逐渐减小;所述料斗1内部沿左右横向设置有所述提拉杆11;所述支撑头12有2个,对称设置于所述料斗1的左右两侧,所述支撑头12通过转动轴13与所述料斗1转动连接;所述2个支撑头12通过绕过所述料斗1底部的连接架14相固定;所述支撑头12远离所述料斗1的一侧水平设置有2个卡位直杆121,所述料斗1通过所述卡位直杆121架设于所述支撑座2上。

料斗1后侧的上半部开放,便于添加饲料时方便,同时,便于观察奶牛的进食情况。

料斗 1 前侧中部设置有一开口，所述开口上半部等宽，下半部宽度逐渐减小；此形状上半部空间较大，便于奶牛头部深入料斗内，下半部空间较小，当奶牛低头进食时，足以容纳奶牛脖颈部位，同时，较小的尺寸可以防止饲料洒出。

料斗 1 内部沿左右横向设置有所述提拉杆 11，便于在清理料斗 1 时，利用提拉杆 11 将料斗 1 取下。

料斗 1 通过其左右两侧转动设置的 2 个支撑头 12 架设于所述支撑座 2 上，支撑头 12 之间通过连接架 14 相固定；固定架 14 绕过料斗 1 底部，并且与料斗 1 间隔一定距离。上述设计使得料斗 1 可以一定程度上进行翻转，在不取下料斗 1 的前提下，也可以翻转料斗 1 对其内部进行清理。

在其他可选实例中，转动轴 13 设置有限位模块，以限制料斗 1 前后翻转的幅度，防止饲料洒出。

可选的，所述料斗 1 底部及侧面边角的内侧，设置半径至少为 1 厘米的圆角；设置圆角可以防止饲料卡在料斗 1 的边角处，便于清理，同时，也便于奶牛进食。

如图 1-7-10、图 1-7-11 所示，所述支撑座 2 包括底座 21、称重模块 22 和卡位模块 23；所述支撑座 2 设置于地面；所述支撑座 2 上端设置有所述称重模块 22，所述称重模块 22 上端设置有所述卡位模块 23。

进一步，所述卡位模块 23 上部平行开有 2 个卡位槽 231；所述卡位槽 231 截面宽度与所述卡位直杆 121 直径配合；所述 2 个卡位槽 231 截面形状，下部竖直，上部向同一侧倾斜至少 30°，上部与所述卡位模块 23 的上边缘相接。

本方案中的支撑座 2 不但具备支撑功能，还具备称重功能，可以测量料斗及其内饲料总重量的变化，便于进行科学饲喂，这一点在下文详述。卡位模块 23 上，卡位槽 231 设置为此种形状，是为了防止在奶牛进食时晃动料斗 1，导致料斗 1 从卡位槽 231 内脱离，因此将卡位槽 231 上半部设置为倾斜，这样在需要取下料斗 1 时，需要将料斗 1 按照卡位槽 231 的形状所示路径提拉才可取下，可以有效防止料斗意外脱离。

在其他可选实施例中，卡位槽 231 也可以是其他形状，其截面形状具备至少一个拐角，以达到防止料斗 1 脱落的目的即可。

如图 1-7-12、图 1-7-13 及图 1-7-14 所示，所述栏杆 3 包括主栏杆 31、副栏杆 32 和上横杆 33；所述主栏杆 31 有 2 根，相隔第一距离设置；所述主栏杆 31 下半段竖直，上半段分别向左右两侧倾斜，在上半段之间形成供奶牛头部通过的第一空间，在下半段之间形成不足奶牛头部通过、能够容纳奶牛颈部的第二空间；所述副栏杆 32 自所述主栏杆 31 下半段起，相隔第二距向左右两侧离等间距设置。主栏杆 31 的形状和位置决定了奶牛头部只能从第一空间伸入，在其低头取食时，又可以防止其头部退出。

所述阻挡单元 4 包括立柱 41、上红外发射模块 42、上红外接收模块 421、下红外发射模块 43、下红外接收模块 431、连接体 44 和挡板 45；所述立柱 41 有 2 根，对称设置于所述主栏杆 31 左右两侧，任一所述立柱 41 内设置有升降装置，所述升降装置通过所述连接体 44 连接至正对所述主栏杆 31 设置的挡板 45，用于带动所述挡板 45 上下移动；所述上红外发射模块 42 和上红外接收模块 421 相对设置于 2 根所述立柱上侧，所述下红外发射模块 43 和下红外接收模块 431 相对设置于 2 根所述立柱下侧；所述挡板 45 初始位置处于所述上红外发射模块 42 和所述下红外发射模块 43 之间。

当奶牛头部深入主栏杆 31 之间的上部（第一空间），所述上红外接收模块 421 检测不到红外光线时，所述升降装置带动所述挡板 45 下移，直至所述挡板低于所述下红外发射模块 43 和下红外接收模块 431，此时奶牛头部下移进食，下红外接收模块 431 检测不到红外光线，装置处于待机状态；当奶牛进食完毕，头部离开后，所述上红外接收模块 421 能够接收到光线，且所述下红外接收模块 431 由不能接收到光线的状态变化为能够接收到光线的状态时，所述升降装置带动所述挡板 45 上移，直至挡板 45 回到初始位置。

所述升降装置还连接至 RFID 识别器；所述 RFID 识别器用于识别第一距离内的奶牛是否为未饲喂奶牛，若为未饲喂奶牛，则允许所述升降装置工作，否则，禁止所述升降装置工作。

还包括无线通信单元，所述无线通信单元连接至所述支撑座 2 及所述 RFID 识别器；当所述上红外接收模块 421 检测不到红外光线时，所述无线通信单元从所述 RFID 识别器获取当前奶牛的身份编号，从所述支撑座 2 获取当前料斗 1 的第一重量；当所述上红外接收模块 421 能够接收到光线，且所述下红外接收模块 431 由不能接收到光线的状态变化为能够接收到光线的状态时，所述无线通信单元再次从所述支撑座 2 获取当前料斗 1 的第二重量，计算第二重量与第一重量的差值，作为奶牛本次的进食重量，将所述身份编号和进食重量发送至外部服务器，建立奶牛进食量表格。

所述 RFID 识别器获取第一距离内的奶牛的身份编号，通过所述无线通信单元发送至服务器；服务器在所述奶牛进食量表格中检测该身份编号对应的奶牛的进食状态；若当日进食量未达到标准，则将该奶牛设置为未饲喂奶牛，并通过所述无线通信单元告知所述 RFID 识别器。

综上所述，本研究提供的奶牛饲喂装置，能够根据奶牛的身份编号，和服务器通信获取当前奶牛的进食情况，以此判定是否开放阻挡单元，允许奶牛进食，满足科学饲养、个性化饲喂的要求。

本研究装置及其控制技术系统申报了国家发明专利保护。

2 生猪信息感知与精准饲喂相关专利技术

2.1　一种动物体温感知耳标

2.1.1　技术领域

本研究涉及畜牧设备，特别是指一种动物体温检测耳标。

2.1.2　背景技术

在牲畜饲养的过程中，体温控制是十分重要的环节，过低或者过高的体温都标志着牲畜当前的健康状况出现异常。例如，以猪饲养为例，当猪只体温过高时，说明可能发生了猪瘟、流感、猪肺疫、猪链球菌病等疾病，若不能及时发现，容易导致疾病恶化，对于恶性传染病则可能导致整个猪群感染，造成严重的经济损失。而当前对于牲畜高体温疾病，尚无有效的检测办法，通常只有在其他可观测症状出现之后，才能发现并予以治疗；尤其是对于进行散养的牲畜，对其每隔一定时间进行体温检测费时费力。因此，十分迫切地需要一种能够实时监测动物体温并在体温异常时进行报警的设备。

2.1.3　解决方案

有鉴于此，本研究的目的在于提出一种动物体温检测耳标。

基于上述目的，本研究提供的一种动物体温检测耳标，包括穿刺锥、支撑杆和耳标主体，所述穿刺锥通过所述支撑杆连接于所述耳标主体中部，其特征在于，还包括：

感温模块，设置于所述支撑杆上，用于检测佩戴此耳标动物的体温，并将温度转换为电压信号；

报警系统，设置于耳标主体内，连接于所述感温模块并接收感温模块所发送的电压信号，当温度处于非正常范围时进行报警。

根据本研究的一些可选实施例，所述报警系统包括：

处理模块，连接于所述感温模块，接收所述感温模块发送的电压信号，当温度处于非正常范围时，发出报警指示；

指示模块，连接至所述处理模块，当接收到报警指示后进行报警；

电源模块，连接至所述感温模块、处理模块和指示模块，并为三者供能。

根据本研究的一些可选实施例，所述感温模块包括铂电阻和稳压源，所述铂电阻设置于所述支撑杆中部；所述稳压源与所述铂电阻相连，并根据所述铂电阻的阻值变化在一定范围内输出不同电压。

根据本研究的一些可选实施例，所述处理模块包括依次连接的放大器和比较器；所述电压信号经过放大器放大后，输入比较器的同相输入端，所述放大器的输出端输出指示信号。

根据本研究的一些可选实施例，所述指示模块包括发光二极管，所述发光二极管正极连接至所述比较器输出端；当所述感温模块检测到的温度处于非正常范围时，所述比较器输出的指示信号为高电平，所述发光二极管发光。

根据本研究的一些可选实施例，所述指示模块包括蜂鸣器和二极管，所述二极管正极连接至所述比较器输出端，其负极连接有蜂鸣器；当所述感温模块检测到的温度处于非正常范围时，所述比较器输出的指示信号为高电平，所述蜂鸣器发出警报音。

根据本研究的一些可选实施例，所述报警系统还包括通信模块；所述通信模块连接至所述感温模块，每隔一定时间将动物的体温数据发送至服务器。

根据本研究的一些可选实施例，所述通信模块包括模数转换器、定时器和无线发送器；所述模数转换器连接至所述感温模块，并通过所述定时器连接至所述无线发送器；所述无线发送器内置有耳标当前所在动物的编号；所述模数转换器将所述感温模块发送的、与温度对应的电压信号转换为电压值，并在所述计时器完成一个周期的计时后将该电压值发送给所述无线发送器；所述无线发送器将所述编号和电压值发送至所述服务器。

根据本研究的一些可选实施例，所述服务器接收到所述编号和电压值后，根据电压值计算出温度值，并将此温度值记录于所述编号所对应动物的体温记录表中。

根据本研究的一些可选实施例，还包括主电路开关和通信电路开关；所述主电路开关设置于所述电源模块和电路主体之间，用于控制整个电路的供电；所述通信电路开关设置于所述通信模块和电路主体之间，并与所述定时器相连接；在所述定时器即将完成一个周期的计时时，所述通信电路开关开启，所述无线发送器完成发送后，所述通信电路开关关闭。

综上可见，本研究提供了一种用于动物体温检测的耳标，解决了动物体温检测，尤其是散养牲畜体温监控的问题，同时，能够起到动物标示的区别作用；本研究能够检测养殖场整场动物的体温，同时，对于体温过高的动物进行报警，有利于养殖场的疾病监控和发情检测。

2.1.4 附图说明

具体结构与功能说明如下。

图2-1-1为本研究开发的一种动物体温检测耳标的实施例的立体图；图2-1-2为其主视图。参考图2-1-1、图2-1-2，本研究提供的一种动物体温检测耳标，包括穿刺锥1、支撑杆2和耳标主体3，穿刺锥1通过支撑杆2连接于耳标主体3中部；图2-1-3为本研究一种动物体温检测耳标的实施例的模块连接图，参考图2-1-3，在耳标主体3上还包括：

感温模块21，设置于支撑杆2上，用于检测佩戴此耳标动物的体温，并将温度转换为电压信号。在本实施例中，感温模块21包括薄片状铂电阻和稳压源，该铂电阻包覆于支撑杆2中部并与稳压源连接；当耳标穿刺佩戴于动物耳根位置时，铂电阻恰好与动物皮肤紧密接触，并保持与动物皮肤温度相同，根据动物体温的变化改变其阻值；当铂电阻阻值发生变化时，稳压源输出电压发生改变，从而，将温度信息转化为电压信号。

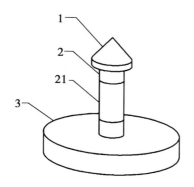

图 2 - 1 - 1　一种动物体温检测耳标的立体图
1—穿刺锥　2—支撑杆　3—耳标主体
21—接收感温模块

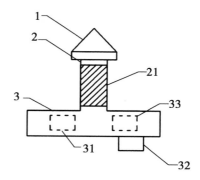

图 2 - 1 - 2　一种动物体温检测耳标的主视图
1—穿刺锥　2—支撑杆　3—耳标主体
21—接收感温模块　31—处理模块
32—指示模块电源模块　33—电源模块

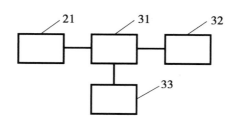

图 2 - 1 - 3　一种动物体温检测耳标的模块连接图
1—穿刺锥　2—支撑杆　3—耳标主体　21—接收感温模块　31—处理模块
32—指示模块电源模块　33—电源模块

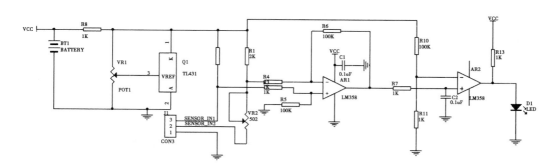

图 2 - 1 - 4　一种动物体温检测耳标的电路图

处理模块 31，连接于感温模块 21，接收感温模块 21 发送的电压信号，当温度处于非正常范围时，发出报警指示。在本实施例中，处理模块31包括放大器和比较器；处理模块31接收到感温模块21发送的电压信号后，对电压信号进行放大，然后，将其与标准值进行比较，若电压幅值高于标准值，说明其对应的温度高于动物正常体温，此时，比较器的输出端将输出高电平，作为报警指示。

指示模块32，连接至处理模块31，当接收到报警指示后进行报警；在本实施例中，指示模块32包括发光二极管，该发光二极管设置于耳标主体3远离支撑杆2的一侧，当佩戴耳标的动物体温过高，使得比较器输出端输出高电平时，发光二极管导通进而发光，使饲养人员能够及时发现动物的体温异常；在其他可选实施例中，指示模块32还可以包括正极连接至比较器输出端的二极管，该二极管负极串联有蜂鸣器，当比较器输出高电平时，二极管导通进而使得蜂鸣器发出蜂鸣，使得使饲养人员能够及时发现动物的体温异常。

电源模块33，连接至感温模块、处理模块和指示模块，并为三者供能。

图2-1-4为本研究的体温检测耳标的电路图。参考图2-1-4，本耳标的主体电路包括电源BT1、铂电阻VR1、稳压源Q1、功率放大器AR1、功率放大器AR2和发光二极管D1，其中，功率放大器AR1作为放大器使用，功率放大器AR2作为比较器使用，电源BT1实现上述电源模块33的功能；其中，铂电阻VR1与稳压源Q1相连，当其电阻发生变化时，稳压源Q1的输出电压相应地发生改变，铂电阻VR1与稳压源Q1实现上述感温模块21的功能；稳压源Q1的输出端分别连接至功率放大器AR1和功率放大器AR2的反相输入端，功率放大器AR1的输出端连接至功率放大器AR2的正相输入端；稳压源Q1的输出电压经过功率放大器AR1放大后，输入AR2并与标准体温进行比较，通过调整周边电电阻的阻值可以调整标准体温，功率从放大器AR1和功率放大器AR2实现上述处理模块31的功能。当稳压源Q1的输出电压所对应的温度高于标准体温时，功率放大器AR2的输出端会输出高电平，进而使得发光二极管D1导通并发光，使得使饲养人员能够及时发现动物的体温异常；功率放大器AR2的输出端还可以通过二极管连接至蜂鸣器，如上所述，当稳压源Q1的输出电压所对应的温度高于标准体温时，蜂鸣器发出蜂鸣，进行报警；上述发光二极管D1或二极管与蜂鸣器的组合实现上述指示模块32的功能。

在本研究的一些可选实施例中，还包括主电路开关和通信电路开关；主电路开关设置于电源模块33和电路主体之间，用于控制整个电路的供电；通信电路开关设置于通信模块和电路主体之间，并与定时器相连接；在定时器即将完成一个周期的计时时，通信电路开关开启，无线发送器完成发送后，通信电路开关关闭。通过减少通信模块的启用时间，可以延长整个装置的续航时间。

在本研究的一些可选实施例中，在耳标主体3内还设置有通信模块；该通信模块连接至感温模块21，每隔一定时间将动物的体温数据（电压值）发送至服务器。通信模块包括模数转换器、定时器和无线发送器；模数转换器连接至感温模块21，并通过定时器连接至无线发送器；无线发送器内置有耳标当前所在动物的编号，通常设置为固定位数的一串数字ID号，如1234、0023等；模数转换器将感温模块21发送的、与温度对应的电压信号转换为电压值，并在计时器完成一个周期的计时后将该电压值发送给所述无线发送器，无线发送器将编号和电压值发送至服务器。

上述无线发送模块可采用无线射频识别 RFID 模块，当耳标启动后，RFID 模块定期发送带有数字 ID 号和体温数据的无线射频信号，无线射频信号被 RFID 阅读器实时接收和监护，并上传至服务器。服务器接收到上述数字 ID 和电压值后，根据电压值计算出温度值，并将此温度值记录于所述编号所对应动物的体温记录表中，供移动终端或有线终端查询。

根据本研究的一些可选实施例，在服务器上还设置有 SIM 卡的通信模块，在检测到任意动物的体温记录表中的体温发生异常（如持续一定时间体温高于正常体温的上限），就通过 SIM 卡发送相应的数字 ID 号至管理人员的移动电话，便于疾病的及时发现和快速控制。

综上可见，本研究提供了一种用于动物体温检测的耳标，解决了动物体温检测，尤其是散养牲畜体温监控的问题，同时能够起到动物标识的区别作用；本研究能够检测养殖场整场动物的体温，同时，对于体温过高的动物进行报警，有利于养殖场的疾病监控和发情检测。

该耳标已经申请专利保护，专利号为：ZL 2014 2 0723794. X

2.2 一种发情监测装置及系统

2.2.1 技术领域

本技术涉及畜牧养殖技术领域，特别是指一种发情监测装置及系统。

2.2.2 背景技术

在饲养母猪的过程中，需要对母猪的发情行为进行监测与确定，以便及时配种或进行人工授精，缩短胎间距，提高母猪的生产力及经营者的生产效益。现有的发情监测技术中，通常采用人工观察的方法对母猪的发情周期进行监控，不但工作量大，还容易因为人为的失误从而降低监控的准确率；在一些研究与观察中，提出通过记录母猪在一定时间内，接近诱情公猪的时间与次数来判定母猪是否发情是可行的，但缺乏相应的智能装置，或者已有的识别与自动记录装置并不完善，仍然存在鉴定准确率不高的问题。

2.2.3 解决方案

本研究目的在于提出一种能够准确判定母猪是否发情的监测装置及系统。

基于上述目的本研究提供的一种发情监测装置，包括分隔仓，所述分隔仓为一面开口的箱体，与其开口面相对的另一面设置有观察窗；所述分隔仓内部设置有用于验证猪只身份的识别单元，用于监测猪只停留的滞留监测单元，以及通信单元；上述识别单元和滞留监测单元分别连接至所述通信单元。

进一步，猪只佩戴有耳标，所述耳标内预存有猪只的身份信息；所述识别单元用于监测所述耳标，与所述耳标取得通信，获取所述耳标内预存的身份信息。

进一步，所述滞留监测单元包括压力传感模块，所述压力传感模块设置于所述分隔仓底部；所述压力传感模块预存有压力阈值。

进一步，所述滞留监测单元包括红外监测模块，所述红外监测模块包括红外发送端和红外接收端；所述红外发送端和红外接收端设置于所述分隔仓设置有观察窗的一面内侧，两者关于所述观察窗对称。

进一步，还包括发情处理单元和喷涂单元；所述发情处理单元至所述滞留监测单元和体温监测单元，用于接收所述猪只身份信息、滞留时间和猪只体温；所述发情处理单元预存有滞留时间阈值、体温阈值和滞留次数阈值，当所述滞留时间超过滞留时间阈值且猪只体温超过体温阈值时，发情处理单元对该猪只的滞留次数加一；若该猪只在一定时间内的滞留次数达到所述滞留次数阈值，所述发情处理单元还用于控制所述喷涂单元对该猪只进行喷色标记。

进一步，所述喷涂单元包括储料罐和喷头；所述储料罐设置于所述分隔仓顶部内侧，储料罐下端连接有所述喷头。

进一步，所述喷涂单元还包括调压器，用于调节所述储料罐内喷涂颜料的压力。

本研究还提供一种包含前述装置的发情监测系统，系统还包括服务器。

所述服务器用于获取所述发情监测装置发送的报文，从报文中提取猪只身份信息、滞留时间和猪只体温，根据所述身份信息将猪只滞留时间和猪只体温进行保存。

从上面所述可以看出，本研究提供的一种发情监测装置及系统通过监测母猪的体温，并配合压力、红外等技术监测母猪的滞留情况，可以准确地判断母猪在种公猪附近滞留的次数和每次滞留的时间，从而判定母猪是否发情，进一步可以对鉴定为发情的母猪进行喷色标记或将母猪的信息发送至服务器，或通过短信平台发送给配种员进行保存和处理，相较于人工判断，具备更高的准确率，更加及时，并且可以大幅降低工作量。

2.2.4 附图说明

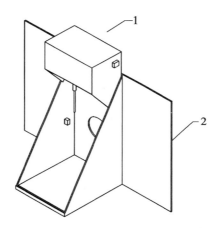

图2-2-1 一种发情监测装置的立体示意图
1—发情监测装置 2—隔板

具体结构与功能说明如下。

图2-2-1为本研究提供的一种发情监测装置的实施例的立体示意图，图2-2-2为其主视图（透视）。如图所示，在图2-2-1中，本装置1两侧额外设置有隔板2，在实际使用时，将母猪和种猪通过本装置1及隔板2分隔在不相通的两个区域内。

参考图2-2-2，本装置包括分隔仓110，所述分隔仓110为一面开口的箱体，与其开口面相对的另一面设置有观察窗111；所述分隔仓110内部设置有用于验证猪只身份的识别单元120，用于监测猪只停留的滞留监测单元，用于监测猪只体温的体温监测单元，以及通信单元140。母猪通过观察窗111观察或嗅闻到公猪的气味后，若该母猪处于发情期，则会靠近观察窗111，从而进入本装置，可以通过母猪一定时间内在本装置中滞留的次数判定其是否进入了发情期，上述识别单元120、滞留监测单元和体温监测单元分别连接至所述通信单元。

在一些优选的实施例中，猪只佩戴有耳标，所述耳标内预存有猪只的身份信息；所

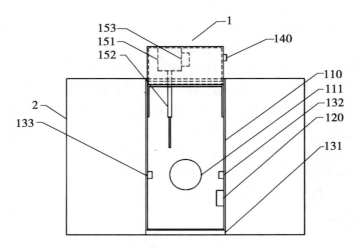

图 2 - 2 - 2　一种发情监测装置的主视图（透视）

1—发情监测装置　2—隔板　110—分隔仓　111—观察窗　120—识别单元　131—压力传感模块
132—红外发送端　133—红外接收端　140—通信单元　151—储料罐　152—喷头　153—调压器

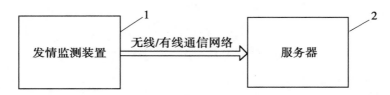

图 2 - 2 - 3　一种发情监测系统的系统框图

1—发情监测装置　2—服务器

述识别单元 120 用于监测所述耳标，与所述耳标取得通信，获取所述耳标内预存的身份信息。

　　所述体温监测单元在图 2 - 2 - 1 及图 2 - 2 - 2 中未标示，在一些较佳的实施例中，体温监测单元是非接触式的红外监测模块。

　　所述识别单元 120 监测到猪只进入所述分隔仓后，向所述通信单元 140 发送包含猪只身份信息的第一信号；所述滞留监测单元在监测到猪只滞留的事件后，向所述通信单元 140 发送包含滞留时间的第二信号；所述体温监测单元在监测到猪只体温后，向所述通信单元 140 发送包含猪只体温的第三信号；所述通信单元 140 用于将猪只身份信息、滞留时间、猪只体温加入报文，将所述报文发送至外部服务器。

　　在一可选的实施例中，在猪只佩戴的耳标上设置有体温监测器，所述体温监测器实时监测猪只体温并定时更新所述耳标内存储的猪只体温；当识别单元 120 从所述耳标获取信息时，获取猪只的身份信息的同时获取该猪只的当前体温。

　　在一些可选的实施例中，所述滞留监测单元包括压力传感模块 131，所述压力传感模块 131 设置于所述分隔仓 110 底部；所述压力传感模块 131 预存有压力阈值。

　　在一些可选的实施例中，所述压力传感模块 131 内部还设置有计时器，计时器内预存有滞留时间阈值；压力传感模块 131 在监测到其上的压力大于所述压力阈值（即有猪只在其上停留）时，所述计时器开始计时；当压力传感模块 131 监测到其上的压力消失（或者小于某一最小值）时（即猪只离开），所述计时器停止计时并记录猪只滞留的时长，并向所述通信模块 140 发送包含滞留时间的第二信号。

在一些可选的实施例中，所述滞留监测单元包括红外监测模块，所述红外监测模块包括红外发送端 132 和红外接收端 133；所述红外发送端 132 和红外接收端 133 设置于所述分隔仓 110 设置有观察窗 111 的一面内侧，两者关于所述观察窗对称。

所述红外发送端 132 持续（或以较短时间间隔，如 1s）向所述红外接收端 133 发送红外信号；若所述红外接收端 133 未接收到所述红外发送端 132 发送的红外信号（或在一定之间内未接受到，如 5s），则判定两者之间有障碍物阻挡，即猪只在装置内滞留。

与上一实施例类似，所述红外监测模块还包括计时器，计时器内预存有滞留时间阈值；所述计时器在所述红外接收端 133 未接收到所述红外发送端 132 发送的红外信号（或在一定之间内未接受到，如 5s）后启动计时，在红外接收端 133 再次接收到所述红外发送端 132 发送的红外信号后停止计时并记录猪只滞留的时长，并向所述通信模块 140 发送包含滞留时间的第二信号。

上述两个记录猪只滞留时间的实施例可以独立实施，也可以配合实施。在另一可选的实施方式中，识别单元 120 内置有计时器，由于识别单元 120 采用短程通信（如 RFID）对猪只身份进行识别，因此，当其监测到猪只时，可大致判定为猪只在本装置内滞留，此时计时器启动，当其丢失所述猪只时，计时器停止计时并记录猪只滞留的时长，并向所述通信模块 140 发送包含滞留时间的第二信号。该可选的实时方式可以单独实时，也可以结合上述两个实施例配合实施，以便增加判定猪只滞留时间的准确率。

在另一实施例中，本装置还包括发情处理单元和喷涂单元 150；所述发情处理单元至所述滞留监测单元和体温监测单元，用于接收所述第一信号、第二信号和第三信号，并从第一信号、第二信号和第三信号获取猪只身份信息、滞留时间和猪只体温；所述发情处理单元预存有滞留时间阈值、体温阈值和滞留次数阈值，当所述滞留时间超过滞留时间阈值且猪只体温超过体温阈值时，发情处理单元对该猪只的滞留次数加一；若该猪只在一定时间内的滞留次数达到所述滞留次数阈值，所述发情处理单元还用于控制所述喷涂单元对该猪只进行喷色标记。

在一可选的实施例中，所述喷涂单元 150 包括储料罐 151 和喷头 152；所述储料罐 151 设置于所述分隔仓顶部内侧，储料罐 151 下端连接有所述喷头 152。

可选的，所述喷涂单元还包括调压器 153，用于调节所述储料罐内喷涂颜料的压力，从而改变猪只身上标记的大小或形状；进一步，发情处理单元还保存有至少两个猪只滞留次数的阈值，记为第一次数阈值和第二次数阈值，第二次数阈值大于第一次数阈值。

当发情处理单元监测到同一猪只的滞留次数达到第一次数阈值后，控制喷涂单元 150 以第一压力对猪只进行喷色标记；若发情处理单元监测到同一猪只在一定时间内（通常设置为 24 小时）的滞留次数进一步达到第二次数阈值后，控制配图单元 150 以第二压力对猪只进行喷色标记。这样工作人员在监测猪只时即可识别猪只的滞留次数。

在另一实施例中，所述喷涂单元 150 有两个，并排设置，且两喷涂单元 150 的储料罐 151 内存储有不同颜色的颜料。与上一实施例类似，可以通过喷涂不同颜色的颜料对猪只的停留次数进行区分，其实施原理并无很大区别，不再赘述。

图 2-2-3 为本发情监测系统的系统框图。如图所示，本装置还提供包括上述装置的一种发情监测系统，系统还包括服务器。

所述服务器用于获取所述发情监测装置发送的报告，从报告中提取猪只身份信息、滞留时间和猪只体温，根据所述身份信息将猪只的滞留时间和猪只体温进行保存。

在一些可选的实施例中，服务器包括短信发送单元，用于将猪只身份信息、滞留时间和猪只体温编辑为短信息发送至工作人员的手机。

本装置和系统通过监测母猪的体温，并配合压力、红外等技术监测母猪的滞留情况，可以准确地判断母猪在种公猪附近滞留的次数和每次滞留的时间，从而判定母猪是否发情，进一步可以对鉴定为发情的母猪进行喷色标记或将母猪的信息发送至服务器，或通过短信平台发送给配种员进行保存和处理，相较于人工判断，具备更高的准确率，更加及时，并且，可以大幅降低工作量。

本装置及其相应技术已经申请专利保护，专利号为：ZL 2015 2 0982613. X

2.3 一种种猪性能测定装置

2.3.1 技术领域

本研究涉及动物饲养设备，尤其是指一种种猪性能测定装置。

2.3.2 背景技术

在种猪的育种过程中，一项重要的工作就是评价具有不用遗传背景的种猪的饲料转化效率，即料肉比，因此，需要获得准确的采食量数据与体增重数据。目前，国内大部分对种猪的性能测定还是采用人工饲喂，在人工饲喂的过程中，如果测定的时间过长，需要耗费大量的精力，浪费了大量的劳动力，而且，不一定保证数据的准确性。例如，有的母猪生病了，吃不完饲料，剩余的饲料就会被下一头猪吃掉；有的母猪遭受到惊吓，离开了料槽，料槽里的饲料没有吃完，同样会被下一头猪吃掉。这样就会造成猪只的进食不均匀，获得的数据不能真实反映种猪的采食与增重情况。因此，开发一种能自动记录采食量及体增重的饲喂智能系统，对种猪的性能测定与评价具有科学价值。

2.3.3 实用新型内容

本研究解决的技术问题是克服现有技术中人工饲喂猪只时，无法及时获取猪只饲料食用量等问题，提供一种简单使用的一种种猪性能测定装置。

为克服上述技术问题，本研究提供的一种种猪性能测定装置，包括2块相对设置的竖直侧墙，所述侧墙之间形成供猪只通过的进食通道；所述进食通道一端设置有活动挡板，所述进食通道另一端设置有用于为猪只提供饲料的饲喂装置；所述进食通道底部设置有延伸至所述饲喂装置下方的称重装置；所述饲喂装置下方的称重装置上表面设置有料槽；所述饲喂装置包括上方的料仓，所述料仓包括进料口和设置于底端的出料口，在所述出料口上设置有出料口开关；所述饲喂装置上设置有控制盒；所述出料口开关电连接至所述控制盒；所述控制盒发出电信号控制所述出料口开关打开或关闭。

可选的，还包括读卡器和耳标；所述读卡器设置于所述侧墙靠近所述饲喂装置的一端，所述读卡器电连接至所述控制盒；所述耳标由猪只佩戴，用于被所述读卡器识别并确定耳标所在猪只的身份信息。

可选的，所述操作台包括控制模块，以及分别与所述控制模块电连接的操作模块、显示模块和通信模块；所述控制模块包括控制电路；所述操作模块用于手动输入投食饲料重量等参数；所述显示模块用于显示包括猪只编号、采食次数、猪只重量、投食饲料重量、食用饲料重量在内的信息；所述通信模块用于将所述猪只编号发送至外部服务器，以及从外部服务器获取应投食饲料重量等信息。

综上所述，可以看出，本研究提供的一种种猪性能测定装置利用对猪只耳标的识别，对于不同猪只进行有计划的投食，能够防止某一猪只单次进食过多或进食不足，既能够满足精确饲养的需要，提高种猪的挑选率，又能够节省饲料。同时，全自动化的投食方式还可以有效降低工人的劳动强度，提高整体工作效率。

2.3.4 附图说明

图 2 - 3 - 1 为本研究提供的一种种猪性能测定装置的整体示意图；图 2 - 3 - 2 为本研究提供的一种种猪性能测定装置的电连接示意图；图 2 - 3 - 3 为本研究提供的一种种猪性能测定装置的控制台的内部模块示意图。

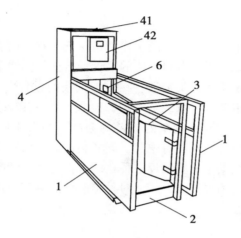

图 2 - 3 - 1　一种种猪性能测定装置的整体示意图

1—竖直侧墙　2—称重装置　3—活动挡板　4—饲喂装置　5—出料口开关
6—读卡器　41—料仓　42—控制盒

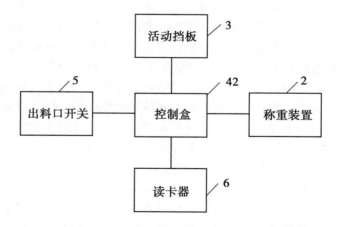

图 2 - 3 - 2　一种种猪性能测定装置的电连接示意图

2—称重装置　3—活动挡板　5—出料口开关　6—读卡器　42—控制盒

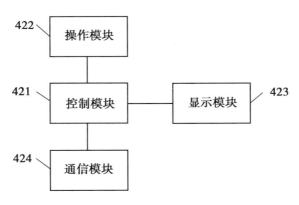

图 2 - 3 - 3   一种种猪性能测定装置的控制台的内部模块示意图
421—控制模块   422—操作模块   432—显示模块   424—通信模块

具体实施方式如下。

以下为本研究的一个实施例，一种种猪性能测定装置，其特征在于，包括 2 块相对设置的竖直侧墙 1，所述侧墙 1 之间形成供猪只通过的进食通道；所述进食通道一端设置有活动挡板 3，所述进食通道另一端设置有用于为猪只提供饲料的饲喂装置 4；所述饲喂装置 4 下方的称重装置 2 上表面设置有料槽；所述进食通道底部设置有延伸至所述饲喂装置 4 下方的称重装置 2；所述饲喂装置 4 包括上方的料仓 41，所述料仓包括进料口和设置于底端的出料口，在所述出料口上设置有出料口开关 5；所述饲喂装置 4 上设置有控制盒 42。

所述称重装置 2、活动挡板 3 和出料口开关 5 分别电连接至所述控制盒 42；所述控制盒 42 发出电信号控制所述出料口开关 5 打开或关闭。

本实施例还包括读卡器 6 和耳标；所述读卡器 6 设置于所述侧墙 1 靠近所述饲喂装置 4 的一端，所述读卡器 6 电连接至所述控制盒 42；所述耳标由猪只佩戴，用于被所述读卡器 6 识别并确定耳标所在猪只的身份信息。

所述耳标佩戴于猪只耳朵上，用于存储进食猪只的身份信息，包括编号、年龄等。可选的，耳标通过射频通信的方式与所述读卡器进行通信。

所述活动挡板 3 在猪只进出时均会被触动，在一些可选实施例中，活动挡板 3 上设置有触发装置，在其发生大幅度转动（即有猪只进出）时，触发装置将发送进出信号给控制盒 42，控制盒 42 根据进出信号记录猪只的进入时刻及离开时刻，从而，获取猪只的本次进食时间。

在一些可选实施例中，活动挡板 3 靠近其转轴处设置有压力触发器，所述压力触发器与一计时器相连，当压力触发器被第一次触发时，计时器启动开始计时，当压力触发器第二次被触发时，计时器停止计时。从而完成对某一猪只进食时间长度的记录。

所述称重装置 2 将其上物体的重量转化为电信号发送给所述控制盒 42，其原理为现有技术中的电子称，在此不再赘述，并且，称重装置 2 事先调教，以料槽为空时的重量值为零点。其中，称重装置 2 获取重量的时刻包括以下两个：第一重量，猪只进入进食通道，并维持体态稳定时的重量，也即猪只自身重量；第二重量，猪只进食完毕离开进食通道后的重量，也即此次进食的剩余饲料重量。

在一些可选实施例中，所述称重装置 2 可以直接将重量显示在其自身配置的显示板上，供工作人员查验、记录。

特别的，当某一猪只进食完毕，离开进食通道后，控制盒 42 会记录此次剩余饲料重量，一方面留取该某一猪只进食饲料重量的数据，另一方面，在下一猪只进入进食通道后，控制盒 42 可以根据上次剩余饲料的重量，计算出下一猪只的体重信息，并且，可以在通过读卡器 6 识别出猪只编号后，控制出料口开关 5 补充投放一定量的饲料，使得剩余饲料加上补充饲料的重量等于下一猪只的计划进食量，如此即可防止因上一猪只没有完全进食，导致下一猪只进食过量的问题。通过以上步骤的循环，即可实现猪只自动投食，自动记录进食量，自动补充饲料的全自动饲喂过程。

所述操作台 42 包括控制模块 421，以及分别与所述控制模块 421 电连接的操作模块 422、显示模块 423 和通信模块 424；所述控制模块 421 包括控制电路；所述操作模块 422 用于手动输入投食饲料重量等参数；所述显示模块 423 用于显示包括猪只编号、采食次数、猪只重量、投食饲料重量、食用饲料重量在内的信息；所述通信模块 424 用于将所述猪只编号发送至外部服务器，以及从外部服务器获取应投食饲料重量等信息。

外部服务器在获取某编号的对应猪只的体重后，即可计算出该猪只当天的额定进食量，以及合理的投食次数。这样在当天接下来的时间里，当同一猪只多次进入本一种种猪性能测定装置时，即可按照预定投食计划进行投食，如果投食量达到当天的额定进食量，则该猪只再次进入本一种种猪性能测定装置时，不会进行投食，进而保证猪只的精确饲喂。

可选的本研究提供的一种种猪性能测定装置有多个，每个装置均向同一服务器发送猪只的进食信息，服务器经过汇总后对全部猪只的信息进行处理。这样即使同一猪只在不同装置进食，服务器依然可以通过此前记录的信息计算投食量及剩余投食次数。可以根据猪场规模的大小增加一种种猪性能测定装置的台数，设置灵活多样，可以满足不同规模养殖场所的需求。

综上所述可见，本研究提供的一种种猪性能测定装置利用对猪只耳标的识别，对于不同猪只进行有计划的投食，能够防止某一猪只单次进食过多或进食不足，既能够满足精确饲养的需要，提高种猪的挑选率，又能够节省饲料，提高猪场的整体效益。同时，全自动化的投食方式还可以有效降低工人的劳动强度，提高整体工作效率。

本研究获得的装置已经申报了专利保护，获得的专利号为：ZL 2015 2 0332692. X

2.4 一种用于猪消化代谢试验的装置

2.4.1 技术领域

本实用新型涉及机械领域，特别是指一种用于猪消化代谢试验的装置。

2.4.2 背景技术

目前，研究猪消化代谢规律时，科研人员常采用体外法、半体内法和体内法进行研究。体内法通常利用消化代谢笼对猪的消化代谢产物进行收集和取样等工作，半体内法和体外法亦可将瘘管猪饲养于消化代谢笼内进行样品收集。而为了采用这些研究方法，设计出了比较简单的猪消化代谢笼。用传统的笼式猪消化代谢试验装置耗时费力，并且，动物的应激难以克服。因此，本研究设计一种自动感知动物、自动记录猪只排泄物、甚至采食量与饮水量的装置。

2.4.3 技术解决方案

有鉴于此，本研究的目的在于提出一种用于猪消化代谢试验的装置，能够专门适用于猪消化代谢的试验。

基于上述目的，本研究提出用于猪消化代谢试验的装置，包括架体、进出门、皮带机、称重平台、收粪装置、收尿装置、喂料装置和饮水装置；其中，所述的架体呈四面，包括上、前、左壁和右壁，所述进出门安装在所述架体的后侧；所述的皮带机和称重平台设置在所述架体的底部，并且所述皮带机和所述称重平台安装在同一水平面上；所述皮带机带有电机，向后转动；所述皮带机设计为后高前低，向前有一个 5°～15° 的倾角，所述皮带机的前端与所述称重平台的后端之间形成一条漏缝；

所述的收粪装置置于所述皮带机的后端下部，并且所述收粪装置的两端分别通过滑道与所述架体的左右两侧壁相连接；所述收尿装置的端口为 "V" 形槽，该 "V" 形槽的长度与所述架体左、右两侧壁之间的距离相同；所述收尿装置的端口置于所述皮带机前端与所述称重平台后端之间形成的漏缝处；

所述喂料装置和所述饮水装置分别设置在所述架体前壁的外侧，所述喂料装置和饮水装置与所述的架体是分离的，并且，所述喂料装置和饮水装置通过支撑架或者自动料线放置于地面上。

可选地，所述进出门的一端通过合页与所述架体一侧面的端部连接，所述进出门的另一端采用可插拔的插销与所述架体的另一侧面的端部连接。

可选地，所述皮带机向前有一个 10° 的倾角。

可选地，所述用于猪消化代谢试验的装置设置有收尿支撑板，所述收尿支撑板通过支架与所述架体固定相连，所述收尿装置放置在该收尿支撑板上。

进一步地，所述收尿支撑板与所述架体之间的支架设计为气缸伸缩臂。

可选地，所述喂料装置和所述饮水装置分别设置在距离所述架体的前壁10厘米处。

可选地，所述的用于猪消化代谢试验的装置包括刮刀，该刮刀设置在所述皮带机与所述收粪装置之间，其两端部分别固定于所述架体的两侧壁上；该刮刀的刀口朝向所述的皮带机，并贴于所述皮带机的表面。

进一步地，所述用于猪消化代谢试验的装置还包括两个侧挡板，所述的两个侧挡板分别安装在所述架体的左、右壁面上。

进一步地，所述架体下端的4个端角分别设置有滑轮。

从上面所述可以看出，本研究提供的用于猪消化代谢试验的装置，通过皮带机和称重平台设置在架体的底部，并且皮带机和称重平台安装在同一水平面上；皮带机设计为后高前低，皮带机的前端与称重平台的后端之间形成一漏缝；收粪装置置于皮带机的后端下部，并且，收粪装置的两端分别通过滑道与架体的左右两侧壁相连；收尿装置的端口为"V"形槽，该"V"形槽的长度与所述架体左、右两侧壁之间的距离相同；收尿装置的端口置于皮带机与称重平台之间形成的漏缝处；喂料装置和饮水装置分别设置在架体前壁的外侧，并且，喂料装置和饮水装置通过支撑架或者自动料线放置于地面上。从而，所述用于猪消化代谢试验的装置能够使助消化代谢的试验更方便、且省时省力。

2.4.4 附图说明

具体结构与功能说明。

如图2-4-1所示，为猪消化代谢试验装置的结构示意图，所述用于猪消化代谢试验的装置包括架体101、进出门102、皮带机103、称重平台104、收粪装置105、收尿装置106、喂料装置108和饮水装置109。其中，架体101呈四面，包括上、前、左壁和右壁。进出门102安装在架体101的后侧，进出门102的一端通过合页与架体101的一侧面的端部连接，进出门102的另一端采用可插拔的插销与架体101的另一侧面的端部连接。所述的皮带机103和称重平台104设置在架体101的底部，并且皮带机103和称重平台104安装在同一水平面上。同时，称重平台104分别与架体101的前、左和右侧固定连接，皮带机103分别与架体101的左和右侧固定连接。称重平台104可以是电子平台秤。较佳地，皮带机103为后端带电机，向后转动。皮带机103中间为辊轮，辊轮与架体101用轴承连接。优选地，皮带机103设计为后高前低，向前有一个5°~15°的倾角。在本实施例中，皮带机103向前有一个10°的倾角。从而，皮带机103的前端与称重平台104的后端之间形成一条漏缝。

所述的收粪装置105置于皮带机103的后端下部，设计为一个长方形托盘，并且收粪装置105的两端分别通过滑道与架体101的左右两侧壁相连接。从而，收粪装置105与架体101之间可以轻松的安装、拆卸。收尿装置106的端口为"V"形槽，该"V"形槽的长度与架体101左、右两侧壁之间的距离相同。较佳地使该"V"形槽向架体101的前壁倾斜。收尿装置106的端口置于皮带机103前端与称重平台104后端之间形成的漏缝处，猪的尿液可以通过该漏缝流入到收尿装置106中。优选地，所述用于猪消

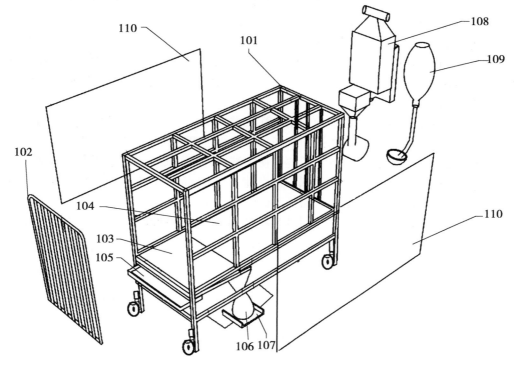

图 2 - 4 - 1　一种猪消化代谢试验的装置的结构示意图
101—架体　102—进出门　103—皮带机　104—称重平台　105—收粪装置
106—收尿装置　107—收尿支撑板　108—喂料装置　109—饮水装置　110—侧挡板

化代谢试验的装置设置有收尿支撑板 107。收尿支撑板 107 可以通过支架与架体 101 固定相连，收尿装置 106 放置在收尿支撑板 107 上。在实施例中，为了能够适应各种不同高度的收尿装置 106，收尿支撑板 107 与架体 101 之间的支架设计为气缸伸缩臂。

另外，喂料装置 108 和饮水装置 109 分别设置在架体 101 前壁的外侧，较佳地设置在距离架体 101 前壁 10 厘米处。喂料装置 108 和饮水装置 109 与所述的架体 101 是分离的，优选地喂料装置 108 和饮水装置 109 可以通过支撑架或者自动料线放置于地面上。

需要说明的是，本装置在使用时，猪通过进出门 102 进入到架体 101 中，猪可以穿过架体 101 的前壁通过喂料装置 108、饮水装置 109 进行吃食和饮水。当猪在称重平台 104 上时可以进行称重工作。当猪进行了排便后，尿液和粪便就会置于皮带机 103 上。由于皮带机 103 向前有倾角，尿液可以通过皮带机 103 与称重平台 104 之间的漏缝流入到收尿装置 106 中。然后，将皮带机 103 的电机启动，皮带机 103 上的粪便随着皮带机 103 的转动，掉落到收粪装置 105 中。

在本装置中，所述的用于猪消化代谢试验的装置包括刮刀。该刮刀设置在皮带机 103 与收粪装置 105 之间，其两端部分别固定于架体 101 的两侧壁上。该刮刀的刀口朝向皮带机 103，并贴于皮带机 103 表面。当皮带机 103 转动时，皮带机 103 上没有掉落到收粪装置 105 中的粪便，可以通过该刮刀将其刮落到收粪装置 105 中。由此，使得皮带机 103 上的粪便能够完全收集到收粪装置 105 中。

作为本装置另一个实施例，所述用于猪消化代谢试验的装置还包括两个侧挡板 110。侧挡板 110 分别可以安装在架体 101 的左、右壁面上，可以起到封闭的作用。另外，在实施例中，还可以在架体 101 下端的 4 个端角分别设置有滑轮，这样，整个装置便可以自由地移动。

由此可以看出，本结构显示的，创造性地设计出了一个猪消化代谢试验装置能够完成称重、喂食、饮水、粪便和尿液的收集；所述皮带机做到了将粪便和尿液分开，然后再进行分别收集；与此同时，设计巧妙、便于试验人员的操作，提高了其试验效率；而且，所述适用范围针对猪消化代谢试验而设计；与此同时，试验人员操作简便，省时省力；最后，整个所述用于猪消化代谢试验的装置结构简单，易于使用。

本装置已经申请专利保护，专利号为：ZL 2014 2 0069099.6

2.5 防堵锥帽及防堵饲料罐

2.5.1 技术领域

本技术装备涉及牲畜饲喂装置，尤其是指一种防堵锥帽及防堵饲料罐。

2.5.2 背景技术

料仓的物料在出料过程中，有时会在出料口上方形成"料拱"——及"结拱"或者说"架桥"，形成一拱形支撑面，阻止上方物料下流。料拱的形成是由于小颗粒物料之间的相互黏结或大块物料在出料时偶然连结所致。料拱是特别有害的因素，它不但破坏了料仓工作的可靠性，导致物料流动中断，而且，在破拱时物料塌下的瞬间还会对仓壁产生很大的压力，造成危险。

在牲畜养殖场所的自动供料系统中，饲料罐底部出口附近易结拱，不但浪费了大量饲料，还阻止了饲料的流动，降低了饲喂效率，造成饲料堆积霉变，严重影响整体效益。

2.5.3 解决方案

本方案解决的技术问题是克服现有技术中，饲料罐底部出口易结拱的问题，提供一种简单实用防堵锥帽及使用该防堵锥毛装置的防堵饲料罐。

为克服上述技术问题，本方案提供的一种防堵锥帽，包括锥帽板和至少3根支撑杆；所述锥帽板中空且底面开放的薄壁锥体；所述支撑杆沿所述锥帽板的圆锥母线方向、相隔相同角度均匀固定于所述锥帽板底部圆周上。

可选的，所述锥帽板为卷制的热轧钢板，其厚度为 1～10 毫米。

可选的，所述支撑杆为热轧等边角钢，其长度为 10～50 毫米。

本方案还提供一种使用上述防堵锥帽的防堵饲料罐，其特征在于，包括罐体、放料装置、密封盖和牵引装置；所述罐体为中空圆形柱体，下部直径逐渐减小呈锥形；罐体底端设置有出料口，所述出料口与所述放料装置连接；所述放料装置连接至外部送料系统；罐体顶端设置有入料口，入料口上设置有与罐体转动连接的密封盖；所述牵引装置设置于所述入料口旁的罐体上，与所述密封盖连接，用于控制所述密封盖开闭；所述防堵锥帽设置于所述罐体内部，位于所述出料口上方，所述防堵锥帽的支撑杆支撑于所述罐体内壁。

综上所述可以看出，本研究提供的防堵锥帽，在饲料流动时，可以起到分散饲料、避免饲料意外连结而结拱的作用，大大降低了饲料罐的结拱率，节约了饲料，提高了整体效益。

2.5.4　附图说明

图 2 – 5 – 1 为防堵锥帽的的立体示意图；图 2 – 5 – 2 为防堵饲料罐的立体示意图，图 2 – 5 – 3 为防堵饲料罐的侧面透视图。

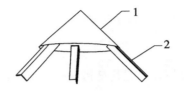

图 2 – 5 – 1　防堵锥帽的的立体示意图
1—锥帽板　2—支撑杆

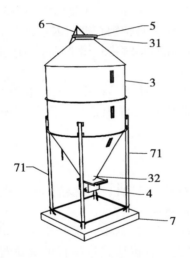

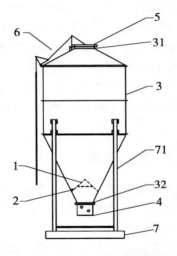

图 2 – 5 – 2　防堵饲料罐的立体示意图
1—锥帽板　2—支撑杆　3—罐体
4—放料装置　5—密封盖　6—牵引装置
7—底座　31—入料口
32—出料口　71—支架

图 2 – 5 – 3　防堵饲料罐的侧面透视图
1—锥帽板　2—支撑杆　3—罐体
4—放料装置　5—密封盖　6—牵引装置
7—底座　31—入料口　32—出料口
71—支架

具体实施方式。

首先简单介绍结拱的原理和本技术装置如何解决结拱问题。

在形成稳定供料的情况下，与供线相切的面上应力等于零，而在于拱线垂直的面上具有较大的压应力，此力沿拱线从供中间到供基处逐渐增大。料拱越大，拱的垂直面上的压力越大。如果料拱达到其截面上的压应力足以将拱桥压散时，料拱就破坏了。因此，如果将出料口做的足够大，料拱便不会形成。

能够形成稳定料拱的出料口尺寸由下式求出：

$$R_0 = \frac{\tau_0(1 + \sin\varphi)}{\gamma g},$$

式中：R_0——成拱口的水力半径（米）；

τ_0——物料的初始抗剪强度（牛/平方米）。对短期（数日）存放的饲料，可以取 $\tau_0 = 120 - 230$；若长期（数个月）存放，抗剪强度将大大超过上述值；

φ——物料的内摩擦角（°）；

γ——物料的容重（千克/立方米）。

如果实际出料口半径 $R > R_0$，则不会结拱。但是在实际生产过程中，出料口的大小是有限制的，因此，此种方法并不适用于全部场合。

由于一定形状的料仓，其结拱形状是一定的，为了避免结拱，采用一些装置占据结拱位置，并分散物料，即可有效避免结拱发生。本研究即采用了这种思路。

以下为本研究提供的防堵锥帽的一个实施例。

图 2 – 5 – 1 为本研究提供的防堵锥帽的实施例的立体示意图。如图所示，本研究提供一种防堵锥帽，包括锥帽板 1 和至少 3 根支撑杆 2；所述锥帽板 1 中空且底面开放的薄壁锥体；所述支撑杆 2 沿所述锥帽板 1 的圆锥母线方向、相隔相同角度均匀固定于所述锥帽板 1 底部圆周上。

由于饲料罐内腔为圆柱形，因此，采用 3 根支撑杆可以达到最为稳定的支承效果。如果有需要也可以适当增加支撑杆的数量。

可选的，所述锥帽板 1 由热轧钢板卷制而成，其厚度为 1 ~ 10 毫米。根据实际情况，也可对锥帽板 1 的材质和尺寸进行调整。

可选的，所述支撑杆 2 为热轧等边角钢，其长度为 10 ~ 50 毫米。同理，根据实际情况，也可对支撑杆 2 的材质和长度进行调整。

本研究还提供了使用上述防堵锥帽的防堵饲料罐的实施例。

图 2 – 5 – 2 为本研究提供的防堵饲料罐的实施例的立体示意图，图 2 – 5 – 3 为本研究提供的防堵饲料罐的实施例的侧面透视图。如图所示，本研究提供的一种防堵饲料罐包括罐体 3、放料装置 4、密封盖 5 和牵引装置 6；所述罐体 3 为中空圆形柱体，下部直径逐渐减小呈锥形；罐体 3 底端设置有出料口 32，所述出料口 32 与所述放料装置 4 连接；所述放料装置 4 连接至外部送料系统；罐体 3 顶端设置有入料口 31，入料口 31 上设置有与罐体 3 转动连接的密封盖 5；所述牵引装置 6 设置于所述入料口 31 旁的罐体 3 上，与所述密封盖 5 连接，用于控制所述密封盖 5 开闭；所述防堵锥帽设置于所述罐体 3 内部，位于所述出料口 32 上方，所述防堵锥帽的支撑杆 2 支撑于所述罐体 3 内壁。防堵饲料罐通过支架 71 设置于底座 7 上，底座 7 防止或固定于地面。

可见，本研究提供的防堵锥帽设置于饲料罐出料口 32 上方，在饲料流动时，可以起到分散饲料、避免饲料意外连结而结拱的作用，大大降低了饲料罐的结拱率。本研究在某猪场实地试用效果良好，有效地防止饲料结拱，为猪场节约了饲料，提高了猪场整体效益。

本技术及其装置已经申请专利保护，获得的实用新型专利号为：ZL 2015 2 0084581. 1

2.6 一种防结拱定量下料装置

2.6.1 技术领域

本涉及畜牧养殖技术领域，特别是指一种防结拱定量下料装置。

2.6.2 背景技术

哺乳期母猪需要调整饲料投喂量，以满足其营养需求。现在除了采用人工定时添加饲料的方式之外，还出现了使用自动下料装置的饲喂方式，可以保证每次下料量基本相同，能够满足精饲需求。但是，现有技术中的下料装置通常无法有效防止料仓内饲料结拱，对于颗粒饲料而言，饲料颗粒之间较为疏松而容易流动，不易结拱；但是对于粉状饲料而言，若环境较为潮湿或者静止时间较长，在下料时则部分饲料容易在出料口上方形成郁结的拱形结构，阻碍上方饲料进一步落下，从而导致下料不畅甚至无法下料，只能通过人工清理解决。

因此，希望提出一种可以有效防止结拱的定量下料装置，以满足哺乳母猪的饲养需求。

2.6.3 解决方案

有鉴于此，本方案的目的在于提出一种防结拱定量下料装置。

基于上述目的本提供的一种防结拱定量下料装置，包括储料仓、定量仓和密封结构；所述储料仓底端与所述定量仓顶端连通；所述密封结构的伸缩部顶端固定于所述储料仓顶部，所述密封结构底端固定有下密封结构，所述下密封结构上方固定有上密封结构，所述上密封结构位于所述定量仓上方，所述下密封结构位于所述定量仓下方；所述伸缩部上移时，储料仓内的饲料由定量仓的上开口流入所述定量仓，且饲料在所述下密封结构的阻挡下存储于所述定量仓内；所述伸缩部下移时，所述定量仓的上开口被所述上密封结构密封，所述定量仓内的饲料由其下部的出料口流出。

进一步，所述伸缩部还包括连接杆；所述伸缩部固定于所述储料仓顶部内侧，所述伸缩部下端通过所述连接杆连接至所述上密封结构和下密封结构，带动所述上密封结构和下密封结构上下运动。

进一步，所述伸缩部为电动推杆、液压推杆、气动推杆中的任意一种。

进一步，所述上密封结构下半部略大于并完全覆盖所述上开口，所述下密封结构上半部略大于并完全覆盖所述出料口。

进一步，所述上开口和出料口均为圆形，所述上密封结构下半部为直径略大于所述上开口直径的半球体，所述下密封结构上半部为直径略大于所述出料口的半球体。

进一步，在所述定量仓下方设置有集料斗，所述集料斗上半部呈漏斗状，下半部为中空直筒。

进一步，所述密封结构外部设置有辅助罩；所述辅助罩成筒状且中空，套装在所述密封结构上，并通过固定件与所述密封结构固定的部分连接。

较佳的，还包括料槽，所述料槽设置于所述定量仓下方；所述料槽内设置有触动开关，当所述触动开关被触动时，启动所述伸缩部进行伸缩，完成下料过程。

从上面所述可以看出，本提供的一种防结拱下料装置通过在储料仓内设置上下移动的密封结构，以及在储料仓下设置定量仓，实现了定量下料，并能够有效避免饲料结拱，具备较高的实用性。

2.6.4 附图说明

图2-6-1为本提供的一种防结拱定量下料装置的实施例的主视透视图。

图2-6-2为本提供的一种防结拱定量下料装置的实施例在第一工作状态时的示意图。

图2-6-3为本提供的一种防结拱定量下料装置的实施例在第二工作状态时的示意图。

图2-6-4为本提供的一种防结拱定量下料装置的实施例在第三工作状态时的示意图。

图2-6-5为本提供的一种防结拱定量下料装置的第二实施例的示意图。

图2-6-6为本提供的一种防结拱定量下料装置的第三实施例的示意图。

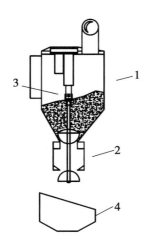

图2-6-1　一种防结拱定量下料装置的主视透视图

1—储料仓　2—定量仓　3—密封结构

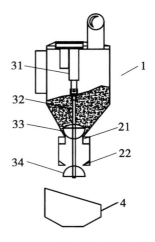

图2-6-2　一种防结拱定量下料装置在第一工作状态时的示意图

1—储料仓　21—上开口　22—出料口
32—连接杆　31—伸缩部　33—密封结构
34—密封结构

具体实施方式如下。

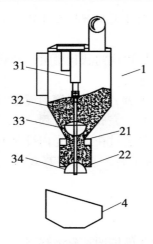

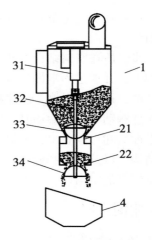

图 2 - 6 - 3　一种防结拱定量下料装置在
第二工作状态的示意图
1—储料仓　4—料槽　21—上开口
22—出料口　32—连接杆　31—伸缩部
33—密封结构　34—密封结构

图 2 - 6 - 4　一种防结拱定量下料装置在
第三工作状态时的示意图
1—储料仓　4—料槽　21—上开口
22—出料口　32—连接杆　31—伸缩部
33—密封结构　34—密封结构

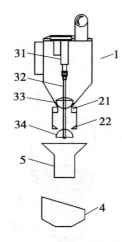

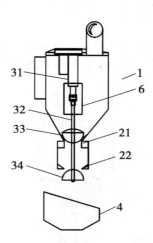

图 2 - 6 - 5　一种防结拱定量下料装置的
第二实施例的示意图
1—储料仓　4—料槽　21—上开口
22—出料口　32—连接杆　31—伸缩部
33—密封结构　34—密封结构

图 2 - 6 - 6　一种防结拱定量下料装置的
第三实施例的示意图
1—储料仓　4—料槽　21—上开口
22—出料口　32—连接杆　31—伸缩部
33—密封结构　34—密封结构

　　图 2。- 6 - 1 为本提供的一种防结拱定量下料装置的实施例的主视透视图。
图 2 - 6 - 2为本提供的一种防结拱定量下料装置的实施例在第一工作状态时的示意图。
图 2 - 6 - 3为本提供的一种防结拱定量下料装置的实施例在第二工作状态时的示意图。
图 2 - 6 - 4为本提供的一种防结拱定量下料装置的实施例在第三工作状态时的示意图。

需要说明的是，本实施例中所有使用"第一"和"第二"的表述均是为了区分两个相同名称非相同的实体或者非相同的参量，可见"第一""第二"仅为了表述的方便，不应理解为对本实施例的限定，后续实施例对此不再一一说明。

如图所示，本实施例中的一种防结拱定量下料装置，包括储料仓1、定量仓2和密封机构3；所述储料仓1底端与所述定量仓2顶端连通；所述密封结构3的伸缩部31顶端固定于所述储料仓1顶部，所述密封机构3底端固定有下密封结构34，所述下密封结构34上方固定有上密封结构33，所述上密封结构33位于所述定量仓2上方，所述下密封结构34位于所述定量仓下方。

所述伸缩部31上移时，储料仓1内的饲料由定量仓2的上开口21流入所述定量仓2，且饲料在所述下密封结构34的阻挡下存储于所述定量仓2内；所述伸缩部31下移时，所述定量仓2的上开口21被所述上密封结构33密封，所述定量仓2内的饲料由其下部的出料口22流出。从而完成一次定量下料过程。在这一过程中，由于上密封部33在储料仓1内进行上下运动，因此，可能发生结拱的饲料会被其碰撞击碎，从而有效避免了料拱累计，防止结拱。

在一可选的实施例中，所述伸缩部31还包括连接杆32；所述伸缩部31固定于所述储料仓1顶部内侧，所述伸缩部31下端通过所述连接杆32连接至所述上密封结构33和下密封结构34，带动所述上密封结构33和下密封结构34上下运动。

可选的，所述伸缩部31为电动推杆、液压推杆、气动推杆中的任意一种。及只要能够完成推送上密封结构33和下密封结构34上下运动即可。

在一较佳的实施例中，所述上密封结构33下半部略大于并完全覆盖所述上开口21，所述下密封结构34上半部略大于并完全覆盖所述出料口22。这样可以保证在接触时，上密封结构33和下密封结构34分别将上开口21和出料口22紧密密封。为了保证密封性，还可以在上密封结构33上方和下密封结构34下方增设缓冲结构，使两者在密封时，缓冲结构进入压缩状态，可以有效避免机械误差导致的缝隙。

在另一实施例中，所述上开口21和出料口22均为圆形，所述上密封结构33下半部为直径略大于所述上开口21直径的半球体，所述下密封结构34上半部为直径略大于所述出料口22的半球体。圆形可以保证更好的密封性。较佳的，上密封结构34上半部也可以设置为弧面、球体、锥体等倾斜结构，可以避免饲料在上密封结构34上半部堆积。

图2-6-5为本提供的一种防结拱定量下料装置的第二实施例的示意图。如图所示，在本实施例中，所述定量仓2下方设置有集料斗5，所述集料斗5上半部呈漏斗状，下半部为中空直筒。由于食料在下落后可能会飞散（尤其是针对下密封结构34上半部为球形的实施例），因此，额外设置集料斗5，将食料收集后竖直落下，防止其溅落到料槽外部。

图2-6-6为本提供的一种防结拱定量下料装置的第三实施例的示意图。如图所示，在本实施例中，所述密封结构3外部设置有辅助罩6；所述辅助罩6成筒状且中空，套装在所述密封结构3上，并通过固定件与所述密封结构3固定的部分连接。所述辅助罩6的功能是，在容易形成拱的部位施加一个阻碍物，从而破坏拱的结构，使其不

易形成。

较佳的，在另一实施例中还包括料槽4，所述料槽4设置于所述定量仓2下方；所述料槽4内设置有触动开关，当所述触动开关被触动时，启动所述伸缩部31进行伸缩，完成下料过程。

从上面所述可以看出，本提供的一种防结拱下料装置通过在储料仓内设置上下移动的密封结构，以及在储料仓下设置定量仓，实现了定量下料，并能够有效避免饲料结拱，具备较高的实用性。

本研究已经申请了专利保护，专利申请号为：2016 2 0071975 8

2.7 一种育肥猪精确饲喂装置

2.7.1 技术领域

本研究涉及机械领域，特别是指一种育肥猪精确饲喂装置。

2.7.2 背景技术

目前，对于育肥猪的饲喂还处于较为传统、简单的方式，而这种传统、简单的方式使得饲喂肥猪的体重增加不理想，体况不佳。与此同时，肥猪的饲喂需要耗费大量的人力、物力，造成成本增加，尤其是目前劳动力成本不断增加更是如此。

2.7.3 解决方案

有鉴于此，本研究的目的在于提出一种育肥猪精确饲喂装置，能够大幅度地提高育肥猪的饲喂效率。

基于上述目的本研究提供的育肥猪精确饲喂装置，包括进口门、采食通道、料仓、电机、下料管、食槽和下水仓，所述进口门安装在所述采食通道的一端，所述采食通道的另一端上面安装有所述料仓和所述电机；所述电机设置在所述料仓的底端，并且，该料仓的底部与所述下料管固定连通；该下料管的另一端与所述食槽连接，且所述的食槽设置在所述采食通道的内部下端；所述的下水仓也安装在所述采食通道一端上面，所述下水仓的底端与所述下料管固定连通。

所述育肥猪精确饲喂装置还设置了防结拱装置，所述防结拱装置倾斜安装在所述电机的蛟龙叶和所述料仓的侧内壁之间，即所述防结拱装置一端连接于所述电机的蛟龙叶上，另一端连接于所述料仓的侧内壁上。

可选地，所述防结拱装置呈条形网状。

可选地，所述的采食通道包括侧栏和上栏，所述的采食通道设置有两个所述侧栏，所述上栏的左右两端分别与所述两个侧栏的上端固定连接。

进一步地，所述采食通道设置有料仓的该端设计为三角形的封闭通道，即所述的两侧栏逐渐向中间靠拢，最终端部固定连接在一起形成三角形封闭结构；所述料仓就设置在所述三角形封闭结构的顶尖部。

进一步地，所述的采食通道还包括安装在所述采食通道内的防卧杠，该防卧杠的两端用膨胀螺丝固定在地面上，并且，设置在所述采食通道的中间部位。

进一步地，所述防卧杠距离地面的高度为 10 厘米。

进一步地，所述的育肥猪精确饲喂装置还包括触控开关，所述触控开关与所述电机电性相连；该触控开关在所述采食通道三角形端部的所述两个侧栏上分别设置一个。

可选地，所述食槽上安装有读卡器，该读卡器能够读取育肥猪身上带有的电子码。

进一步地，所述电机的蛟龙叶螺旋采用轴承固定的方式。

从上面所述可以看出，本研究提供的育肥猪精确饲喂装置，通过料仓和电机安装在采食通道的一端，电机设置在料仓的底端，并且该料仓的底部与下料管固定连通；该下料管的另一端与食槽连接，且食槽设置在采食通道的内部下端；下水仓也安装在采食通道一端上面，下水仓的底端与下料管固定连通；倾斜安装在电机的蛟龙叶和料仓侧内壁之间的防结拱装置，一端连接于电机的蛟龙叶上，另一端连接于料仓的侧内壁上。从而，所述育肥猪精确饲喂装置实现自动化饲喂，能够有效地增加饲喂肥猪的体重。

2.7.4 附图说明

图2-7-1为本研究实施例一种育肥猪精确饲喂装置的结构示意图；图2-7-2为本研究实施例育肥猪精确饲喂装置的俯视结构示意图；图2-7-3为本研究实施例防结拱装置的结构示意图。

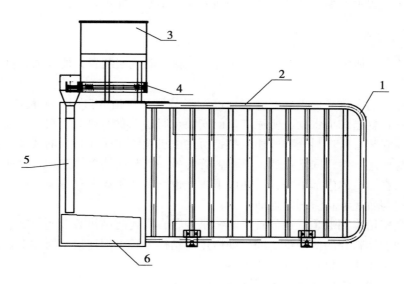

图2-7-1 一种育肥猪精确饲喂装置的结构示意图
1—进口门 2—采食通道 3—料仓 4—电机 5—下料管 6—食槽

具体实施方式。

在本研究的一个实施例中，如图2-7-1中所示的，为本研究实施例一种育肥猪精确饲喂装置的结构示意图。所述的育肥猪精确饲喂装置包括进口门1、采食通道2、料仓3、电机4、下料管5、食槽6和下水仓8（图2-7-2）。其中，进口门1安装在采食通道2的一端，采食通道2的另一端的上面安装有料仓3和电机4。所述电机4设置在料仓3的底端，并且，该料仓3的底部与下料管5固定连通。同时，该下料管5的另一端与食槽6连接，且所述的食槽6设置在采食通道2的内部下端。该下水仓8也安装在采食通道2一端的上面。优选地，下水仓8的底端与下料管5固定连通。

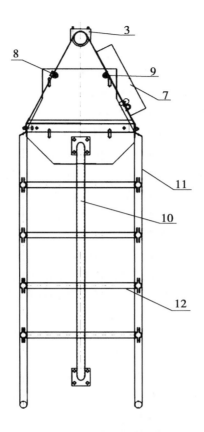

图 2 − 7 − 2　一种育肥猪精确饲喂装置的俯视结构示意图
3—料仓　7—读卡器　8—下水仓　9—触控开关　10—防卧杠　11—侧栏　12—上栏

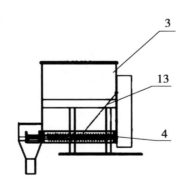

图 2 − 7 − 3　防结拱装置的结构示意图
3—料仓　4—电机　13—防结拱装置

所述育肥猪精确饲喂装置在进行工作的时候，肥猪通过进口门 1 进入采食通道 2 中。当走到该采食通道 2 的另一端时，育肥猪来到食槽 6 前，可以分别控制料仓 3 和下水仓 8 通过下料管 5 将食料和水放入到所述的食槽 6 中。其中，料仓 3 下面的电机 4 蛟龙叶转动，会把饲料排出料仓 3 外，通过下料管 5 进入到食槽 6 中。优选地，电机 4 的蛟龙叶螺旋采用了轴承固定的方式，这样蛟龙叶运转时阻力较小。

作为一个实施例，电机 4 的蛟龙叶上面设置了防结拱装置 13，随着绞龙叶的转动防结拱装置 13 产生振动，从而防止饲料仓内饲料结拱，减少饲料霉变和浪费。优选地，如图 2 - 7 - 3 所示，为本研究实施例防结拱装置的结构示意图。所述防结拱装置 13 呈条形网状，其倾斜安装在电机 4 的蛟龙叶和料仓 3 的侧内壁之间，即防结拱装置 13 一端连接于电机 4 的蛟龙叶上，另一端连接于料仓 3 的侧内壁上。

在本研究的另一个实施例中，食槽 6 上安装有读卡器 7，该读卡器 7 能够读取育肥猪身上带有的电子码，可以获得该头肥猪的信息，如育肥猪的出生日期等。

作为本研究的一个实施例，如图 2 - 7 - 2 所示，所述的采食通道 2 包括侧栏 11 和上栏 12。具体来说，所述的采食通道 2 设置有两个侧栏 11，上栏 12 的左右两端分别与所述两个侧栏 11 的上端固定连接。较佳地，所述的侧栏 11 和上栏 12 都采用间隔一段距离设置一栏杆的形式，这样既保证了育肥猪能够在采食通道 2 中通行，还能够使采食通道 2 具有充分的空气进入，且易于观察。还需要说明的是，所述上栏 12 的设置是为了防止在采食通道 2 中的育肥猪因为某种原因跳出该采食通道 2。

另外，优选地，采食通道 2 设置有料仓 3 的该端设计为三角形的封闭通道，即两侧栏 11 逐渐向中间靠拢，最终端部固定连接在一起形成三角形封闭结构。在最优的实施例中，料仓 3 就设置在所述三角形封闭结构的顶尖部。

还需要说明的是，所述的采食通道 2 还包括防卧杠 10，采食通道 2 内安装有防卧杠 10。在实施例中，该防卧杠 10 的两端用膨胀螺丝固定在地面上，并且设置在采食通道 2 的中间部位。优选地，该防卧杠 10 距离地面的高度为 10 厘米。防卧杠 10 可以防止猪只躺卧在进入通道内。

作为本研究的另一个实施例，所述的育肥猪精确饲喂装置还包括触控开关 9，触控开关 9 与电机 4 电性相连。该触控开关 9 在采食通道 2 三角形端部的两个侧栏 11 上分别设置一个。当育肥猪走到采食通道 2 的三角形端部时，会触碰到设置在两侧栏 11 上的触控开关 9，从而启动电机 4 进行工作，即实现了自动开启下料工作。

综上所述，本研究提供的育肥猪精确饲喂装置，创造性地提出了；而且，所述育肥猪精确饲喂装置完全实现了自动化地饲喂育肥猪，节省了大量的人力和物力；与此同时，该装置专门针对育肥猪精确饲喂而设计；设计巧妙，并提高了其饲喂效率；最后，整个所述的育肥猪精确饲喂装置结构紧凑，易于实现。

本研究申报获得实用新型专利：ZL 2015 2 0434809.5

2.8 分拣装置

2.8.1 技术领域

本研究涉及一种后备母猪的分拣装置，特别涉及一种在规模化猪场中后备母猪大圈饲喂的自动分拣装置。

2.8.2 背景技术

随着我国养殖规模化程度的不断提高，种猪的精细饲养不仅可以降低生产成本，提高猪只的繁育效率，也是延长服务年限，最终提高猪场整体效益的主要技术手段。但是，目前，大多数种猪场对后备种猪大圈群养的分拣过程，还是由人工根据其发情状态或者生长状态，进行人工分拣，费工费力，过程繁杂，对猪只的应激反应大，影响了正常的生理及生长，由此造成的损失较大，一直是经营者头疼的问题。如果采用进口设备，一般情况下投资较大，加之对操作人员的要求较高，小型的饲养场望而却步。此外，种猪的饲养不仅需要根据生理的变化实施分拣分群饲养，还需要采集猪只的个体信息，包括耳标信息及体重数据等，才能根据其体况实施基于个体的精细投料及饲喂。为了减少对猪只的应激，对猪只的识别也必须是无接触及自动的，采集的信息无论是采用有线还是无线方式，都需要传输到计算机系统中进行分析，决定是否分拣和是否给料及提供设定的饲料数量等。

随着无线射频识别（RFID）技术的发展，生产带有编码信息的电子标签，如高频13.56兆赫兹的标签，并配合一定功率的天线识读装置，可以在一定的距离范围内对标签实施自动识别，并结合无线或有线网络，将识读的编码信息上传到计算机系统在技术上提供了可能。

2.8.3 解决方案

本研究目的是提供一种后备母猪大圈饲喂的自动分拣装置。该装置主要用于后备母猪的精细饲养。

本装置设计为模块结构，根据不同用途随意组合。以动态群（不同日龄的猪在同一群）种猪繁殖为目的的使用运行方法为例。

（1）猪只进入第一门，读取耳标；称量体重，并通过在线式红外温度仪，检测猪只体表温度。体温数据显示在温度仪表上。而通过重量传感器采集的猪只体重数据的显示仪表，也与红外温度仪的装置集成在一起，显示猪只的重量数据。

（2）根据识读的编码、体重及体温等信息，系统自动开启不同的分拣门，进行分拣。具体分拣过程如下。

a. 发现耳标丢失、体温偏高的，分拣装置自动将第 1 分拣门拉向左侧（顺时针转动），同时打开第 3 分拣门（顺时针转动），将这样的猪只分拣到第 4 出口区域。进入问题猪待检区域，等待兽医检测。

b. 通过耳标识读发现日龄偏小的，分拣装置自动将第 1 分拣门拉向左侧（顺时针转动），第 3 分拣门不动，将这样的猪只分拣到第 3 出口饲喂区域，饲喂小猪日粮。

c. 通过耳标识读发现日龄大于某值的，分拣装置自动将第 1 分拣门拉向右侧，第 2 分拣门处在原位置，让这样的猪只进入到第 2 出口饲喂区域，饲喂大猪日粮。

d. 通过耳标识别及判断为发情的后备母猪，分拣装置自动将第 1 分拣门拉向右侧，并开启第 2 分拣门（逆时针转动），让这样的猪只进入到第 1 出口区域，通过第 1 单向出口门，进入到配种舍。

e. 小猪或大猪采食区的电子食槽，可以自动记录每头猪的每次采食时间和采食量，数据通过网络送入计算机，可通过计算机查看采集的饲料数量。

本研究提供的后备母猪饲喂的自动分拣装置，包括称重装置，以及满足不同分拣目的的分拣装置，以及分拣后的进入不同饲养区域的单向出口门。此外，猪只个体耳标识别的天线装置固定在猪只称重装置内。

所述猪只的称重装置是带有称重传感器的、四周由涂有防锈漆钢管围拢而成的长方体笼体，在笼体左侧上方近端装有在线式红外体表温度仪，在笼体右侧上方远端装有 RFID 识读天线装置，用于识读猪只的 RFID 高频（13.56MHZ）耳标。

所述称重仪表连接在称重秤上，数字动态显示屏集成在在线式红外体表温度仪上。

所述第 1 带锁单门及第 2 带锁单门为可以在猪只称重笼的进入端及离开端锁住门的活动门体，在对猪只进行适当训练后，具有自动进入、锁门及开门的功能。

所述第 1 分拣门到第 3 拣门均是安装在分拣装置内的、带有微型电动机的门体，可以根据需要处在开启和原位置 2 种状态。

所述的从第一出口门到第 4 出口门都是具有在猪的自身推力作用下，可以单向开启的门体。

本分拣装置能在识别猪只个体耳、体重及体温的数据基础上，数据上传到计算机系统后，由计算机调出识别猪只的基本信息档案，主要查看其日龄，并结合体重及体温数据，决定应该分拣后的去向，从而控制相应分拣门的开启与否，实现对后备母猪的自动分拣，包括进入问题待检区、小猪饲喂区、大猪饲喂区及发情分离区 4 种去向。分拣的准确性与效率取决了对耳标识别的效率、温度检测的效率、计算机事先设定的预制模块的科学性等。针对不同品种的种猪，通过结合体重及日龄判断是否进入小猪饲喂区或大猪饲喂区，在数值的设定上原则上是有差异的，应根据不同猪种的生理及生长特性预先设定好，然后依据采集的数据进行分析判断后，决定分拣门的开启，具有数据采集、传输、分析及智能化行为处理的物联网特点，实质上主要是控制 3 个分拣门的行为，操作简单，可减少大量的人工，并减少了对猪只的应激，让猪只在大圈中自由采食并实施发情后的分离开。基于以上智能优点，本实用新型分拣装置尤其适合于种猪场后备母猪的精细化饲养与自动分拣。

2.8.4　附图说明

图 2 - 8 - 1 及图 2 - 8 - 2 为本实用新型装置的结构示意图。

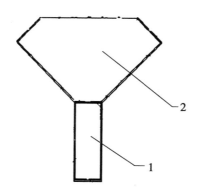

图 2 - 8 - 1　一种分拣装置的外围示意图

1—称重装置　2—分拣装置

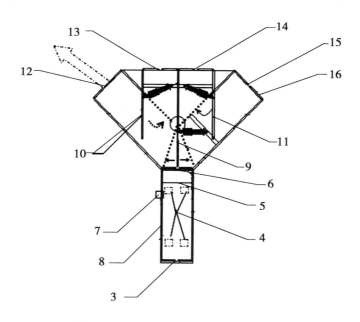

图 2 - 8 - 2　一种分拣装置的功能示意图

1—称重装置　2—分拣装置　3—第 1 带锁单向进入门　4—称重传感器装置　5—耳标读取天线

6—第 2 带锁单向出口门　7—在线式红外体表温度计　8—称重装置的围栏

9—第 1 分拣门及驱动装置　10—第 2 分拣门及驱动装置　11—第 3 分拣门及驱动装置

12—第一单向出口门　13—第二单向出口门　14—第三单向出口门

15—第四单向出口门　16—分拣基本架构

具体功能结构说明如下。

如图 2 - 8 - 1 所示，本结构包括称重装置 1 和分拣装置本体 2。其中，称重装置包括猪只第 1 带锁单向进入门 3，称重传感器装置 4，耳标读取天线 5，第 2 带锁单向出口门 6，在线式红外体表温度计 7，以及称重装置的围栏 8。分拣装置本体包括，第 1 分拣门及驱动装置 9，第 2 分拣门及驱动装置 10，第 3 分拣门及驱动装置 11，第 1、第 2、第 3 及第 4 单向出口门 12、13、14 及 15，以及除分拣门装置之外围成不同区隔的分拣基本架构 16。其连接关系如下。

耳标读取天线 5 固定在称重围栏笼体远端的左侧、上部及右侧，呈门的现状，在线式红外体表温度仪 7 固定在称重围栏左侧的中间位置，而且融为一体，而第 1、第 2 带锁单向进、出口门（3，6）是称重围栏 8 的组成部分，第 1、第 2 及第 3 分拣门及驱动装置均与分拣基本架构 16 在不同的位置连接，每个分拣门均有它的原位置（图中实线位置）及开启后的位置（图中虚线位置），并具有 1 个待检区域，2 个饲喂区域和一个分离出口。

本实施例中，称重装置采用了 HSX-A-50kg 称重传感器（广州南创公司代理）。该称重传感器的量程为 5 ~ 500kg，完全满足不同品种的后备母猪的称重计量要求。其内部灌胶密封防油、防水、耐腐蚀，可适用于各种环境，计量精度高，采用合金钢及不锈钢材料，体积小巧，便于嵌入到称重秤中。

本装置中采用的种猪电子标签为高频（13.56MHZ）RFID 标签，可与现有的高频可读写标签内容的读写器配合使用。本实用新型标签与读写器的通信协议采用兼容的 ISO 15693 国际标准。

本机构的应用方式如下。

带有电子耳标的后备母猪通过带锁单门进入称重笼后，通过称重装置得到体重，数据显示在称重仪表上，同时，通过在线式红外体表温度仪及耳标识读天线采集的猪只体表温度及猪只的编码信息，通过场内布置的局域网络传输到计算机系统数据库中。猪只的编码规则由 16 位数字组成，前 6 位为该养殖场所在县市或者市区的行政区划代码，服从国家标准 GB2260-2006，接着的 2 为为该县级行政区划内的猪繁殖场编码，接着的 4 位为猪只入种群的年份，最后 4 位为该厂同一年份内入种群的猪只顺序号。最大数量不超过 9999。按此编码规则，标签内部编码具有全国唯一性和不可伪造性。信息的写入和读取需通过高频天线读写器完成。

在猪场计算机系统采集进入称重秤的猪只的编码、体重及体表温度数据后，由计算机依据采集的数据及事先预知的判断模块，决定从第 1 分拣门到第 3 分拣门的开启状态，决定猪只下步的分拣去向。即要么进入问题待检区域，要么进入小猪饲喂区域或大猪饲喂区域，或者在确认判断猪只发情后，分拣出离开该分拣装置进入到配种舍。

在实际使用中，分拣装置第一单向出口门（12）是与大圈区域隔开的，但与配种舍相通。而第 2、第 3 及第 4 单向出口门（13，14，15）则是与大圈区域相通的。即完成待检及采食完的猪只通过上述单向出口门又返回到大圈猪群中活动、休息，形成环路。对于问题猪只的待检还是需要配合场内技术人员检测，主要查看佩戴耳标的丢失情况及健康，并采取必要的补救措施。

本装置申请了专利保护，获得实用新型专利号为：ZL 2013 2 0890470.0

2.9 饲喂站

2.9.1 技术领域

本设备涉及家畜饲喂技术领域，特别是一种饲喂站。

2.9.2 背景技术

中国是养猪业大国，每年出栏的商品猪数量目前已达 7 亿头以上，居世界第一。而繁殖母猪的数量经过不断的结构性调整，目前存栏在 4 000 万头左右，大约占生猪存栏数量的 10%，这意味着在我国需要饲养较多的繁殖母猪才能保证出栏商品猪的数量。总体而言，我国生猪养殖水平有一定程度的提升，生产力日益提高，但是整体水平仍远远落后于欧美等发达国家，丹麦的母猪 PSY（一头母猪年提供断奶仔数数量）水平将近为我国的两倍。据 Agri-stats 2010 年提供的母猪生产力行业基础报告，在国际上母猪繁殖力即生产力较高的欧洲国家如荷兰、丹麦、爱尔兰、法国等，一头繁殖母猪，年产窝数在 2.3 ~ 2.5，一年能够提供的断奶活仔数高达 24 ~ 26 头，母猪死亡率，来自大样本数据（百万头以上）显示为 6.8%，断奶日龄提前到 18.7 天，断奶仔猪重量也能达到 5.6kg。在如此高的母猪生产力水平下，断奶均匀度基本一致的仔猪在其后的饲养过程中，饲喂管理方便，发育健康，发病率及淘汰率低，保证了最终的上市的猪只数量及猪肉数量的稳定供给，维护了猪价的稳定。

在我国，目前的母猪繁殖力相比之下，存在巨大的差距。据农业部有关部门统计，目前母猪年产窝数一般为 2.0，一头母猪年产活仔数为 15 ~ 20 头，但能够提供的断奶活仔数仅为 14 头左右，为欧洲发达水平的 56% 左右，最终能提供出栏的商品猪头数在 12 头以上。这就意味着要提供相同数量的出栏猪只数量，则需要饲养的繁殖母猪的数量大约是高繁殖力国家的 1.7 倍以上，不仅需要多耗费大量的人力、物力及饲料资源，而且，由此造成的排放及污染问题更加严重。

提高繁殖母猪的生产力，能否保证提供健康及体重均匀度较好的断奶仔猪，是保证商品猪饲养的关键，不仅是养殖场的核心竞争力，也是一个国家养殖业水平的关键性指标。

那么是什么原因造成母猪繁殖力表现的巨大差异呢？首先从遗传潜力上分析，实际上，目前主要饲养的商品猪都是经过遗传改良后的大三元杂交品种，如杜洛克、长白、大约克等品种杂交而来，在遗传潜力上几乎同质化而无差异，越来越被行业认可的观点是，引起母猪生产力差异的根本原因在于对母猪的精细饲喂与管理甚至护理上。而对规模化母猪场的精细饲养，随着劳动力成本的增加，也越来越离不开自动智能化设备的采用。为此，在现代养殖领域，尤其是针对母猪的饲喂技术上，智能化、精确化的饲喂技术已经成为必然发展的趋势，尤其是随着我国劳动力的结构及成本悄然发生了颠覆性变化，生猪养殖模式已经从散养、家庭饲养迅速向集约化及规模化、标准化的模式转变，具有智能化、自动化及精细化的养殖技术成为行业发展的迫切需求。但是，目前的饲喂站都普遍存在猪只长时间占用饲喂站，导致利用率低的问题。

2.9.3　解决方案

有鉴于此，本研究的目的在于提出一种饲喂站，避免猪只过长时间地占用饲喂站，采用猪只限时采食、后猪拱前猪的方式来提高饲喂站的利用率。

基于上述目的，本研究提供的饲喂站包括进入通道、饲喂装置和出口通道，所述饲喂装置分别与所述进入通道的一侧护栏、出口通道的一侧护栏相连，所述进入通道和所述出口通道相连通。

所述饲喂装置包括读卡器、控制器和给料装置，所述控制器分别与所述进入通道端部的电控进口门以及给料装置相连接，所述读卡器用于读取猪只的耳标编码，并将读取到的耳标编码发送给控制器，所述控制器根据耳标编码确定该耳标编码对应的猪只的给料信息，再将该给料信息发送给给料装置，所述给料装置根据该给料信息为该猪只提供饲料。

当进入通道端部的电控进口门关闭后，所述控制器开始计时，若在时间阈值内读卡器扫描到猪只的耳标编码，所述控制器则控制给料装置为该猪只提供饲料，若在时间阈值内读卡器未扫描到猪只的耳标编码，所述控制器则控制所述电控进口门打开，使下个猪只进入所述进入通道，并将该未扫描到耳标编码的猪只拱出所述饲喂站。

可选地，所述电控进口门包括对开门、第一挡片和与所述控制器相连的第一传感器，所述对开门的左、右两端部分别连接至所述进入通道两侧护栏的端部，所述第一挡片固定于对开门上。

当所述对开门关闭时，所述第一挡片遮挡第一传感器，所述第一传感器将该遮挡信号发送给控制器，所述控制器开始计时；当所述对开门打开时，所述第一挡片从第一传感器上移开。

较佳地，所述对开门包括左进门、右进门，以及分别与所述左进门、右进门的一侧端面固定连接的左连接片、右连接片，并且所述左连接片和右连接片位于同一水平面上；所述左进门与左连接片的连接处与进入通道的一侧护栏端部活动连接，所述右进门与右连接片的连接处与进入通道的另一侧护栏端部活动连接。

较佳地，所述左进门与左连接片之间呈10°~50°夹角，所述右进门与右连接片之间呈10°~50°夹角；所述左进门和右进门中的更靠近所述饲喂站外部的门设置为向外转动，更靠近所述饲喂站内部的门设置为向内转动。

优选地，所述对开门包括弹簧、左横梁和右横梁，所述左横梁的下表面与左连接片的顶端固定连接，所述左横梁靠近对开门中间的端部突出于所述左连接片，在该端部附近安装有弹簧左固定件；所述右横梁的下表面与右连接片的顶端固定连接，所述右横梁靠近对开门中间的端部突出于所述右连接片，在该端部附近安装有弹簧右固定件；所述弹簧的两端分别与弹簧左固定件和弹簧右固定件连接。

优选地，所述电控进口门还包括卡件、拉杆和与所述控制器相连的电机，所述拉杆的两端分别与所述卡件、电机相连，所述卡件用于卡住所述对开门的顶部，所述电机用于控制该拉杆上升或者下降，当所述拉杆上升，所述卡件分别与所述对开门的左进门、右进门脱离，使对开门打开，当所述拉杆下降，所述卡件卡住所述对开门的左进门、右进门，使对开门关闭。

优选地，所述电控进口门还包括第二传感器、第二挡片、纵向设置的旋转盘面和活动杆，所述活动杆的两端分别与旋转盘面的底部边缘、拉杆的一端部活动连接，所述第二传感器位于旋转盘面的顶部附近，所述第二挡片固定连接于旋转盘面的侧边缘，所述旋转盘面与电机相连，在电机的带动下进行圆周旋转。

当所述电机运转时，旋转盘面进行圆周旋转，底部的活动杆随着旋转盘面向上运动，从而带动拉杆上升，使所述卡件分别与所述对开门的左进门、右进门脱离，对开门打开；同时，所述第二挡片随着旋转盘面进行圆周旋转，当所述第二挡片遮挡第二传感器时，所述第二传感器将该遮挡信号发送给控制器，所述控制器控制电机停止运转，此时旋转盘面按照原轨迹恢复至原来的状态，从而使底部的活动杆也随着旋转盘面向下运动至原来的状态，所述卡件再次卡住所述对开门的左进门、右进门，对开门关闭；与此同时，第二挡片也随着旋转盘面旋转至原来的状态。

可选地，所述给料装置包括触碰开关，当所述给料装置接收到控制器发送过来的给料信息后，为该猪只提供第一次饲料，此后，所述触碰开关每被触碰一次时，所述给料装置为该猪只提供单次给料量的饲料，直到给料量之和达到额定给料数量。

较佳地，当所述给料装置的给料量之和达到额定给料数量后，所述控制器开始计时，2～5分钟后控制所述电控进口门打开，使下个猪只进入所述进入通道，下个猪只将该结束进食的猪只拱出所述饲喂站。

较佳地，当所述读卡器读取到猪只的耳标编码后，所述控制器开始计时，8～15分钟后控制所述电控进口门打开，使下个猪只进入所述进入通道，下个猪只将该结束进食的猪只拱出所述饲喂站。

从上面所述可以看出，本研究提供的饲喂站通过猪只限时采食、后猪拱前猪的方式来提高饲喂站的利用率，可以有效避免猪只过长时间地占用饲喂站。饲喂装置分别与进入通道、出口通道相连，同时进入通道和出口通道相连通，猪只通过进入通道来到饲喂装置前进行进食，然后再通过出口通道走出该饲喂站。该饲喂站设计巧妙，可以提高饲喂效率；而且，本研究提供的饲喂站可以使工作人员操作简便，省时省力；最后，该饲喂站结构简单，易于使用。

2.9.4　附图说明

图2-9-1为本研究设计的一种母猪电子饲喂站的结构示意图，图2-9-2为其进入门的主视图。

具体结构与功能描述如下。

本研究提供的饲喂站包括进入通道、饲喂装置和出口通道，所述饲喂装置分别与所述进入通道的一侧护栏、出口通道的一侧护栏相连，所述进入通道和所述出口通道相连通；所述饲喂装置包括读卡器、控制器和给料装置，所述控制器分别与所述进入通道端部的电控进口门以及给料装置相连接，所述读卡器用于读取猪只的耳标编码，并将读取到的耳标编码发送给控制器，所述控制器根据耳标编码确定该耳标编码对应的猪只的给料信息，再将该给料信息发送给给料装置，所述给料装置根据该给料信息为该猪只提供饲料；当进入通道端部的电控进口门关闭后，所述控制器开始计时，若在时间阈值内读卡器扫描到猪只的耳标编码，所述控制器则控制给料装置为该猪只提供饲料，若在时间阈值内读卡器未扫描到猪只的耳标编码，所述控制器则控制所述电控进口门打开，使下个猪只进入所述进入通道，并将该未扫描到耳标编码的猪只拱出所述饲喂站。

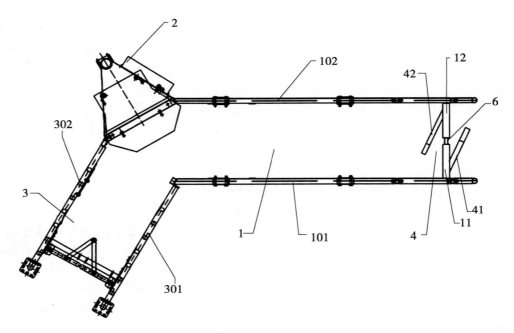

图2-9-1 一种母猪电子饲喂站的结构示意图

1—进入通道 2—饲喂装置 3—出口通道 4—开门 6—弹簧 11—左横梁 12—右横梁
41—左进门 42—右进门 101—侧护栏 102—侧护栏 301—侧护栏 302—侧护栏

图2-9-1为本研究提出的饲喂站的结构示意图。所述饲喂站包括进入通道1、饲喂装置2和出口通道3，所述饲喂装置2分别与所述进入通道1的一侧护栏101、出口通道3的一侧护栏301相连，所述进入通道1和所述出口通道3相连通，即所述进入通道1的另一侧护栏102与出口通道3的另一侧护栏302直接相连通。从而，猪只通过所述的进入通道1来到给料装置2前进行进食，然后，再通过所述的出口通道3走出本研究所述的饲喂站。作为本研究的一个实施例，所述进入通道1与出口通道3之间呈100°～160°夹角。作为本研究的一个优选实施例，所述进入通道和出口通道的宽度仅容许一头猪只通过，如果饲喂站中的猪只长时间占用饲喂站，那么，后面的猪只就会将其拱出饲喂站。

所述饲喂装置2包括读卡器、控制器和给料装置，所述控制器分别与所述进入通道

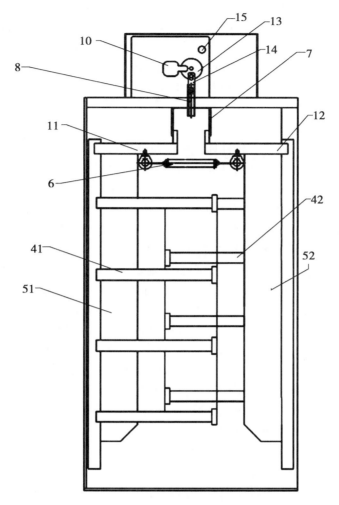

图2-9-2 母猪电子饲喂站的进入门主视图

6—弹簧 7—卡件 8—拉杆 10—第二挡片 11—左横梁 12—右横梁

13—纵向设置的旋转盘面 14—活动杆 15—第二传感器 41—左进门

42—右进门 51—左连接片 52—右连接片

1端部的电控进口门以及给料装置相连接，所述读卡器用于读取猪只的耳标编码，并将读取到的耳标编码发送给控制器，所述控制器根据耳标编码确定该耳标编码对应的猪只的给料信息，再将该给料信息发送给给料装置，所述给料装置根据该给料信息为该猪只提供饲料。当进入通道1端部的电控进口门关闭后，所述控制器开始计时，若在时间阈值内读卡器扫描到猪只的耳标编码，所述控制器则控制给料装置为该猪只提供饲料，若在时间阈值内读卡器未扫描到猪只的耳标编码，所述控制器则控制所述电控进口门打开，使下个猪只进入所述进入通道，并将该未扫描到耳标编码的猪只拱出所述饲喂站。作为本研究的一个优选实施例，所述时间阈值为20～40秒。

在本研究方案中，猪只需要佩戴标准低频 RFID 电子耳标，耳标的工作频率为

(134.2±1.5)千赫兹，配合适当功率的、固定在给料装置上的天线系统，对耳标的感应距离：15~25厘米，响应时间小于0.5毫秒。一旦猪只接近饲喂装置2的食槽进行采食时，读卡器自动获取该猪只的耳标编码。其中，耳标的编码长度定义为不超过15位的ASCⅡ码，可以由数字和/或字母组成。但在同一个繁殖场，在一定的运行时期内，所述的耳标编码应具有唯一性、可读性及可拓展性。较佳地，编码规则符合RFID ISO 11784或者11785编码规则。

作为本研究的另一个实施例，所述控制器向给料装置发送动作指令，所述指令包括向猪只下料的动作以及下料量。较佳地，可以通过给料装置的下料电机旋转的次数，开始定量饲喂。这时，控制器在其的基本信息库中，检索出具有该猪只的当日记录，记录中记载有该猪只当日的实际饲喂量，预设饲喂量等数据。由控制器控制饲喂剩料部分，所述的剩料部分是指预定饲喂量减去实际已饲喂量。一般情况下，定量饲料分两次饲喂，也有多余两次的情形发生。例如当猪只在第二次饲喂时突然停电或遇到意外的惊吓而提高离开，就会出现第3次进入采食的情形。需要说明的是，当猪只该天第一次喂食，下料不超过60%；如果不是第一次喂食，则要计算该猪只剩余的料量。

作为本研究的一个实施例，所述给料装置包括触碰开关，当所述给料装置接收到控制器发送过来的给料信息后，为该猪只提供第一次饲料，此后，所述触碰开关每被触碰一次时，所述给料装置为该猪只提供单次给料量的饲料，直到给料量之和达到额定给料数量。当所述给料装置的给料量之和达到额定给料数量后，所述控制器开始计时，2~5分钟后控制所述电控进口门打开，使下个猪只进入所述进入通道1，下个猪只将该结束进食的猪只拱出所述饲喂站。由于所述进入通道1和出口通道3的宽度仅容许一头猪只通过，所以，当饲喂站的猪只结束进食后，电控进口门再次打开，通过后猪拱前猪的方式使结束进食的猪只被拱出所述饲喂站，避免猪只过长时间地占用饲喂站，从而，提高饲喂站的利用率。

作为本研究的另一个实施例，当所述读卡器读取到猪只的耳标编码后，所述控制器开始计时，8~15分钟后控制所述电控进口门打开，使下个猪只进入所述进入通道1，下个猪只将该结束进食的猪只拱出所述饲喂站。亦即，在本实施例中，由于猪只没有完成额定饲喂量的进食，极有可能既不继续进食又长时间占用饲喂站，或者有些猪只进食较慢，在8~15分钟内无法完成额定饲喂量的进食，也会导致长时间占用饲喂站。因此，本研究采用猪只限时采食、后猪拱前猪的方式可以有效提高饲喂站的利用率，避免猪只过长时间地占用饲喂站，即使饲喂站中的猪只没有在8~15分钟内无法完成额定饲喂量的进食也不会影响后面猪只进入饲喂站进食。

结合图2-9-1和图2-9-2，所述电控进口门包括对开门4、第一挡片和与所述控制器相连的第一传感器，所述对开门4的左、右两端部分别连接至所述进入通道1两侧护栏101、102的端部，所述第一挡片固定于对开门4上。当所述对开门4关闭时，所述第一挡片遮挡第一传感器，所述第一传感器将该遮挡信号发送给控制器，所述控制器开始计时，当所述对开门4打开时，所述第一挡片从第一传感器上移开。所述第一挡片的作用是当对开门4关闭时，其位置正好遮挡第一传感器，用于触发第一传感器的信号，控制器接收到第一传感器的信号后开始计时。

作为本研究的一个优选实施例，所述对开门 4 包括左进门 41、右进门 42，以及分别与所述左进门 41、右进门 42 的一侧端面固定连接的左连接片 51、右连接片 52，并且，所述左连接片 51 和右连接片 52 位于同一水平面上。进一步地，所述左进门 41 与左连接片 51 的连接处与进入通道 1 的一侧护栏 101 端部活动连接，所述右进门 42 与右连接片 52 的连接处与进入通道 1 的另一侧护栏 102 端部活动连接。因此，所述左进门 41 和左连接片 51 以进入通道 1 的一侧护栏 101 端部为轴心进行转动，所述右进门 42 和右连接片 52 以进入通道 1 的另一侧护栏 102 端部为轴心进行转动。在本实施例中，所述左连接片 51 和右连接片 51 均垂直于所述进入通道 1。

所述左进门 41 和右进门 42 的另一侧端面呈交叉状，即所述左进门 41 与左连接片 51 之间呈 10° ~ 50° 夹角，所述右进门 42 与右连接片 52 之间呈 10° ~ 50° 夹角。优选地，呈交叉状的左进门 7 和右进门 6 中的更靠近所述饲喂站外部的门设置为向外转动，更靠近所述饲喂站内部的门设置为向内转动。猪只在进入时需要将左进门 41 或右进门 42 向外拱开，然后再将右进门 42 或左进门 41 向内拱开。由此，增加了母猪进入所述饲喂站时的难度，使一头猪只进入后，后面的猪只难于进入。在本实施例中，将左进门 41 向外设置，将右进门 42 向内设置，猪只在进入时需要将右进门 42 向内拱开，将左进门 41 向外拱开，而右连接片 52 则随着右进门 42 向内转动，左连接片 51 则随着左进门 41 向外转动。

优选地，所述左连接片 51 的顶部与右连接片 52 的顶端之间通过弹簧 6 连接，由此，当猪只将左进门 41、右进门 42 拱开后，所述左进门 41 和右进门 42 能够在弹簧 6 的作用下快速的关闭，避免后面的猪只进入该饲喂站。

作为本研究的又一个实施例，所述左进门 41 和右进门 42 的底端均安装有滑轮，可以有助于猪只的进入，并防止弄伤猪只。可选地，所述左连接片 51 的宽度小于左进门 41 的宽度。优选地，所述左连接片 51 宽度是左进门 41 宽度的 1/6 ~ 2/3。可选地，所述右连接片 52 的宽度小于右进门 42 的宽度。优选地，所述右连接片 51 宽度是右进门 42 宽度的 1/6 ~ 2/3。

作为本研究的又一个实施例，所述对开门 4 包括左横梁 11 和右横梁 12，所述左横梁 11 的下表面与左连接片 51 的顶端固定连接，所述左横梁 11 靠近对开门 4 中间的端部突出于所述左连接片 51，在该端部附近安装有弹簧左固定件。所述右横梁 12 的下表面与右连接片 52 的顶端固定连接，所述右横梁 12 靠近对开门 4 中间的端部突出于所述右连接片 52，在该端部附近安装有弹簧右固定件。所述弹簧 6 的两端分别与弹簧左固定件和弹簧右固定件连接。优选地，所述左连接片 51、右连接片 52、左横梁 11 和右横梁 12 均位于同一水平面上。更为优选地，所述弹簧左固定件和弹簧右固定件分别位于左横梁 11 和右横梁 12 的下表面。

作为本研究的又一个实施例，所述电控进口门 4 还包括卡件 7、拉杆 8 和与所述控制器相连的电机，所述拉杆 8 的两端分别与所述卡件 7、电机相连，所述卡件 7 用于卡住所述对开门 4 的顶部，所述电机用于控制该拉杆 8 上升或者下降，当所述拉杆 8 上升，所述卡件 7 分别与所述对开门的左进门 41、右进门 42 脱离，使对开门 4 打开，当所述拉杆 8 下降，所述卡件 7 卡住所述对开门 4 的左进门 41、右进门 42，使对开门 4

关闭。

进一步地，所述左横梁 11、右横梁 12 在靠近对开门 4 中间的端部分别设有凸起，所述卡件 7 用于卡住该凸起，从而，达到卡住对开门 4 顶部的目的。优选地，所述凸起分别位于左横梁 11 和右横梁 12 的上表面。

作为本研究的又一个实施例，所述左横梁 11、右横梁 12 在靠近对开门 4 中间的端部分别开有卡槽，所述卡件 7 插入该卡槽中，从而达到卡住对开门 4 顶部的目的。优选地，所述卡槽分别位于左横梁 11 和右横梁 12 的上表面。

作为本研究的一个优选实施例，所述电控进口门 4 还包括第二传感器 15、第二挡片 10、纵向设置的旋转盘面 13 和活动杆 14，所述活动杆 14 的两端分别与旋转盘面 13 的底部边缘、拉杆 8 的一端部活动连接，所述第二传感器 15 位于旋转盘面 13 的顶部附近，所述第二挡片 10 固定连接于旋转盘面 13 的侧边缘，所述旋转盘面 13 与电机相连，在电机的带动下进行圆周旋转。

需要说明的是，所述旋转盘面 13 的中心处设有水平转轴，在电机的带动下，旋转盘面 13 能够绕着该转轴进行转动。

当所述电机运转时，旋转盘面 13 进行圆周旋转，底部的活动杆 14 随着旋转盘面 13 向上运动，从而带动拉杆 8 上升，使所述卡件 7 分别与所述对开门的左进门 41、右进门 42 脱离，对开门 4 打开。同时，所述第二挡片 10 随着旋转盘面 13 进行圆周旋转，当所述第二挡片 10 遮挡第二传感器 15 时，所述第二传感器 15 将该遮挡信号发送给控制器，所述控制器控制电机停止运转。此时，旋转盘面 13 按照原轨迹恢复至原来的状态，从而使底部的活动杆 14 也随着旋转盘面 13 向下运动至原来的状态，所述卡件 7 再次卡住所述对开门的左进门 41、右进门 42，对开门 4 关闭。与此同时，第二挡片 10 也随着旋转盘面 13 旋转至原来的状态。

在本实施例中，所述第二挡片 10 位于旋转盘面 13 的左侧边缘，第二传感器 15 位于旋转盘面 13 的右上方，旋转盘面 13 在电机带动下沿顺时针方向进行转动，从而带动第二挡片 10 也沿顺时针方向进行转动，活动杆 14 也一起朝着左侧上升。当所述第二挡片 10 转动至第二传感器 15 的位置并将其遮挡时，触发第二传感器 15 的信号，第二传感器 15 将该信号发送给控制器，控制器控制电机停止运转。旋转盘面 13 沿逆时针方向转动并恢复至原来的状态，第二挡片 10 也沿顺时针方向转动并恢复至原来的状态，活动杆 14 也一起朝着右侧下降至原来的状态。优选地，所述电机为雨刮电机，具有回位特性，在旋转盘面 13 返回位的时候，电机停止。

目前的饲喂站一般采用机械进口门，如果饲喂器中没有猪时，是靠猪只将机械进口门从而进入饲喂站；一旦饲喂站中有猪只，只有前面的猪只离开出口门时，进口门外的猪只才能进入饲喂站。而本研究通过电动进口门打开后计时的长短来确定是否需要打开进口门（不需要借助猪只的外力来拱开），开门速度快，噪音小，效益高。

由此可以看出，本研究提供的饲喂站通过猪只限时采食、后猪拱前猪的方式来提高饲喂站的利用率，可以有效避免猪只过长时间地占用饲喂站。如果饲喂器中没有猪只（即未扫描到耳标编码），或者进入的猪只停留的时间超过预设的时间，电控进口门快速打开，从而提高了该饲喂站的工作效率。

饲喂装置分别与进入通道、出口通道相连，同时进入通道和出口通道相连通，猪只通过进入通道来到饲喂装置前进行进食，然后，再通过出口通道走出该饲喂站。该饲喂站设计巧妙，可以提高饲喂效率；而且，本研究提供的饲喂站可以使工作人员操作简便，省时省力；最后，该饲喂站结构简单，易于使用。

本研究已经获得国家发明专利保护，发明专利号为：ZL 2014 1 0273446.1

2.10　用于饲喂哺乳母猪的下料装置

2.10.1　技术领域

本研究涉及养殖设备技术领域，特别是涉及一种用于饲喂哺乳母猪的下料装置。

2.10.2　背景技术

中国是养猪业大国，每年出栏的商品猪数量基本在 7 亿头以上，居世界第一。但母猪的生产力水平即一年一头繁殖母猪能够提供的断奶活仔数仅为 14 头左右，这与对繁殖母猪的精细化饲养与管理关系密切。如果通过饲喂设备的研发，最大程度发挥哺乳母猪的采食量，与提高仔猪的成活率及断奶重量有直接的关系。但是，现有市面上所提供的猪只饲喂装置都存在饲料容易堵塞在出料口、容易引起霉变的问题，导致猪只的繁殖力受到严重影响。因此，研究解决母猪饲喂系统的一些关键问题具有实际意义。

2.10.3　技术解决方案

有鉴于此，本研究的目的在于提出一种用于饲喂哺乳母猪的下料装置，以解决饲料容易堵塞在出料口的技术问题。

基于上述目的，本研究提供的包括壳体、送料管，以及位于壳体内的下料管、滑动管和调节杆，所述壳体的侧壁上沿竖直方向开有一滑道，所述送料管固定于壳体的顶部，并与所述下料管相连通，所述滑动管套接在下料管上，所述调节杆的一端与滑动管固定连接，另一端穿过所述滑道，所述调节杆通过沿着该滑道的滑动带动所述滑动管沿着下料管滑动。

可选地，所述下料管沿竖直方向设置在壳体内，并垂直于所述送料管，所述滑动管套接在所述下料管的外壁上。

较佳地，所述壳体的顶部逐渐缩小呈锥状，缩口处与所述送料管的外壁固定连接。

可选地，所述壳体的底部逐渐缩小呈锥状，底部的一侧开有出料口，该缩口处设有绞龙，饲料在绞龙的带动下从出料口排出。

优选地，所述用于饲喂哺乳母猪的下料装置还包括有出料凹槽，所述出料凹槽的一端与壳体底部的出料口相连通，另一端封闭，所述绞龙的一端位于壳体内，另一端与出料凹槽的封闭端固定连接，所述出料凹槽随着绞龙一起转动。

可选地，所述调节杆的穿过滑道的端部设有旋紧部件，所述旋紧部件设有内螺纹，通过与调节杆端部的外螺纹相配合，用于将调节杆固定在滑道中。

可选地，所述下料管的横截面为多边形，所述滑动管的横截面为圆形。

可选地，所述壳体上安装有可视窗口。

优选地，所述可视窗口安装于壳体侧壁的中下部，位于壳体底部呈锥状的渐缩短处。

从上面所述可以看出，本研究提供的用于饲喂哺乳母猪的下料装置通过滑动管在下料管上的滑动，实现下料量的控制，可以有效避免下料装置内出现积料，容易引起霉变等现象。通过调节杆控制滑动管的移动，从而达到精确控制下料量的目的。该用于饲喂哺乳母猪的下料装置结构简单，操作简便，工作效率高，下料量可控，有效地提高了猪只的繁殖力，获得较好的经济效益和社会效益。

2.10.4　附图说明

图2-10-1为用于饲喂哺乳母猪的下料装置的立体结构图；图2-10-2为用于饲喂哺乳母猪的下料装置的内部结构图。

具体技术实施方式如下。

本研究提供的用于饲喂哺乳母猪的下料装置包括壳体，送料管，以及位于壳体内的下料管、滑动管和调节杆，所述壳体的侧壁上沿竖直方向开有一滑道，所述送料管固定于壳体的顶部，并与所述下料管相连通，所述滑动管套接在下料管上，所述调节杆的一端与滑动管固定连接，另一端穿过所述滑道，所述调节杆通过沿着该滑道的滑动带动所述滑动管沿着下料管滑动。

图2-10-1和图2-10-2均为本研究实施例用于饲喂哺乳母猪的下料装置的立体结构图和内部结构图。从图中可知，本研究提供的用于饲喂哺乳母猪的下料装置包括壳体1，送料管2，以及位于壳体内的下料管3、滑动管4和调节杆5，所述壳体的侧壁上沿竖直方向开有一滑道6。所述送料管2固定于壳体1的顶部，并与所述下料管3相连通，所述滑动管4套接在下料管3上，所述调节杆5的一端与滑动管4固定连接，另一端穿过所述滑道6，所述调节杆5通过沿着该滑道6的滑动带动所述滑动管4沿着下料管3滑动。当需要减少供料量或者减少堆积在壳体1底部的饲料时，则将调节杆5向下滑动，那么从滑动管4中流出的饲料就会减少；当需要增加供料量或者增加堆积在壳体1底部的饲料时，则将调节杆5向上滑动，那么从滑动管4中流出的饲料就会增加。

在本实施例中，所述下料管3沿竖直方向设置在壳体1内，并垂直于所述送料管2，所述滑动管4套接在所述下料管3的外壁上。需要说明的是，位于壳体1顶部的送料管2与输料管线10相连通，饲料在输料管线10中流动，途径送料管2，并通过下料管3进入壳体1内，继而下落至壳体1的底部。

作为本研究的一个实施例，所述壳体1的顶部逐渐缩小呈锥状，缩口处与所述送料管2的外壁固定连接，如图2-10-2所示，从而提高送料管2与壳体1的牢固性和整体性，使送料过程更加可靠。而且，壳体1也起到了支撑送料管2的作用，可以进一步提高该下料装置的稳固性。

作为本研究的一个实施例，所述壳体1的底部逐渐缩小呈锥状，底部的一侧开有出料口，该缩口处设有绞龙8，饲料在绞龙8的带动下从出料口排出。所述绞龙8包括绞龙叶和绞龙轴，随着绞龙轴的转动，绞龙叶将堆积在壳体1底部的饲料排出。

在本实施例中，所述用于饲喂哺乳母猪的下料装置还包括有出料凹槽9，所述出料

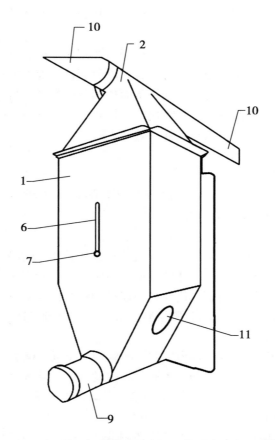

图 2 – 10 – 1　用于饲喂哺乳母猪下料装置的立体结构图

1—壳体　2—送料管　6—滑道　7—旋紧部件　9—出料凹槽　10—输料管线　11—可视窗口

凹槽 9 的一端与壳体 1 底部的出料口相连通，另一端封闭，所述绞龙 8 的一端位于壳体内，另一端与出料凹槽 9 的封闭端固定连接，所述出料凹槽 9 随着绞龙一起转动。因此，当出料凹槽 9 转动时，从出料口排出的饲料通过出料凹槽 9 的开口被倾倒出去；当出料凹槽 9 继续转动时，从出料中排出的饲料在处理凹槽 9 中堆放。

　　进一步地，所述调节杆 5 的穿过滑道的端部设有旋紧部件 7，所述旋紧部件 7 设有内螺纹，通过与调节杆 5 端部的外螺纹相配合，用于将调节杆 5 固定在滑道 6 中，防止其移动。当需要移动调节杆 5 时，将旋紧部件 7 从调节杆 5 上松开，当调节杆 5 移动至合适位置时，再次通过旋紧部件 7 将调节杆 5 固定在滑道 6 中。

　　可选地，所述下料管 3 的横截面为多边形，所述滑动管 4 的横截面为圆形。作为本研究的一个优选实施例，下料管 3 为正方形，滑动管 4 的横截面为圆形，滑动管 4 套接在下料管 3 的外壁上，并能够沿着其外壁自如地沿竖直方向移动。

　　优选地，所述壳体 1 上安装有可视窗口 11，用于观察壳体 1 内的下料情况。作为本研究的一个实施例，所述可视窗口 11 可以安装于壳体 1 侧壁的中下部，位于壳体 1 底部呈锥状的渐缩短处。

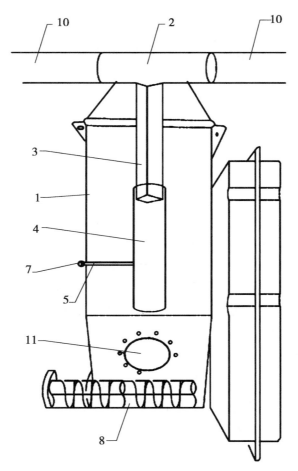

图 2 - 10 - 2 用于饲喂哺乳母猪的下料装置的内部结构图
1—壳体 2—送料管 3—下料管 4—滑动管 5—调节杆 7—旋紧部件
8—绞龙 10—输料管线 11—可视窗口

由此可见, 本研究提供的用于饲喂哺乳母猪的下料装置通过滑动管在下料管上的滑动, 实现下料量的控制, 可以有效避免下料装置内出现积料, 容易引起霉变等现象。通过调节杆控制滑动管的移动, 从而, 达到精确控制下料量的目的。该用于饲喂哺乳母猪的下料装置结构简单, 操作简便, 工作效率高, 下料量可控, 有效地提高了猪只的繁殖力, 获得较好的经济效益和社会效益。

本研究已经申请专利保护, 获得的实用新型专利号为: ZL 2014 2 011540.2

2.11 一种哺乳母猪保育栏漏粪地板

2.11.1 技术领域

本研究涉及畜牧养殖技术领域，特别是指一种哺乳母猪保育栏漏粪地板。

2.11.2 背景技术

因为哺乳母猪保育舍的环境温度较高，导致哺乳母猪保育栏上面的粪便清理对于保育舍内的环境，尤其是空气质量影响较大，因此，出现了不同形式的哺乳母猪保育栏的漏粪地板模式。但现有设计中的漏粪地板的表面层设计不合理，母猪排粪不便，漏粪效率低，特别是大多数漏粪地板表面光滑，导致产床母猪在站起时打滑，影响了母猪的正常生理如哺乳等。因此，本研究希望能够提出一种既能够有效漏出粪便，又能够方便哺乳母猪活动的漏粪地板。

2.11.3 解决方案

有鉴于此，本研究的目的在于提出一种哺乳母猪保育栏漏粪地板。

基于上述目的本研究提供的一种哺乳母猪保育栏漏粪地板，包括栏板、侧板和固定杆；所述栏板呈长条形，其中部向下凹陷形成辅助站立部，其余部分保持水平形成卧部；所述侧板为平板，所述固定杆为截面呈圆形的直杆；所述侧板有两块，相对设置；所述栏板有多个，栏板垂直于所述侧板，其两端分别固定于两侧板上，栏板之间平行，相邻栏板之间距离相等；所述固定杆垂直所述栏板设置于所述栏板下部，固定杆两端分别固定至所述侧板。

进一步，所述栏板的上表面交替设置有上凸的凸部和下凹的凹部；所述凸部的上表面水平，与所述凹部连接处倒圆角；所述凹部呈半圆形。

进一步，所述辅助站立部有多个，相邻两所述辅助站立部之间设置有等长的卧部。

进一步，所述侧板外部设置有固定件。

进一步，所述固定件为向下翻折的直板，呈挂钩状。

进一步，相邻所述栏板之间的距离为单一栏板宽度的 0.5~1.5 倍。

进一步，相邻所述栏板之间的距离与单一栏板的宽度相等。

从上面所述可以看出，本研究提供的一种哺乳母猪保育栏漏粪地板，通过设置下凹的辅助站立部，以及在栏板上表面设置凹部，为猪只提供了站立时的借力点，使其在站立过程中不会打滑，同时，能够满足猪舍粪尿排出的要求，结构简单便于制造，具备较高的实用性。

2.11.4 附图说明

图2-11-1为本研究提供的一种哺乳母猪保育栏漏粪地板的实施例的立体示意图。

图2-11-2为本研究提供的一种哺乳母猪保育栏漏粪地板的实施例的侧视图。

图2-11-3为图2-11-2中A区域的放大示意图。

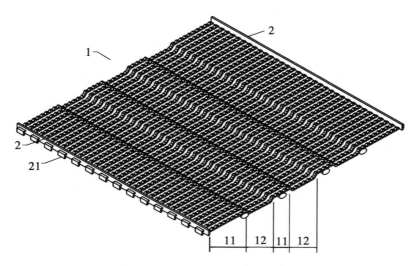

图2-11-1 一种哺乳母猪保育栏漏粪地板的立体示意图
1—栏板 2—侧板 11—卧部 12—辅助站立部

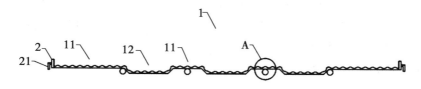

图2-11-2 一种哺乳母猪保育栏漏粪地板的侧视图
1—栏板 2—侧板 11—卧部 12—辅助站立部 21—固定件 A区域

具体实施方式如下。

为使本研究的目的、技术方案和优点更加清楚明白,以下结合具体实施例,并参照附图,对本研究进一步详细说明。

图2-11-1为本研究提供的一种哺乳母猪保育栏漏粪地板的实施例的立体示意图。如图所示,本实施例提供的一种哺乳母猪保育栏漏粪地板,包括栏板1、侧板2和固定杆3;所述栏板1呈长条形,其中部向下凹陷形成辅助站立部12,其余部分保持水平形成卧部11;所述侧板2为平板,所述固定杆3为截面呈圆形的直杆;所述侧板2有两块,相对设置;所述栏板1有多个,栏板1垂直于所述侧板,其两端分别固定于两侧板2上,栏板1之间平行,相邻栏板1之间距离相等;所述固定杆3垂直所述栏板1设置于所述栏板1下部,固定杆3两端分别固定至所述侧板2。

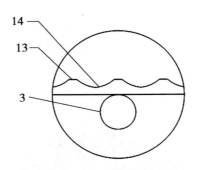

图 2 - 11 - 3   图 2 - 11 - 2 中 A 区域的放大示意图
3—固定杆   13—凸部   14—凹部

为了在工程上便于制造，栏板 1 的原始材料可以选用适宜直径的圆形金属管，并将其进一步弯曲加工成中部向下凹陷的形状。

多个栏板 1 平行排列，两端通过侧板 2 进行固定，底部通过垂直设置的额固定杆 3 进一步加固，完全可以承受母猪的重量。栏板 1 之间相隔一定距离，留出空隙，母猪的粪尿可以由此空隙漏下而不会积存，能够有效保持猪舍清洁。

在多个栏板 1 排列成型后，单一栏板 1 的辅助站立部 12 整体会形成一长方形的下凹区域，与卧部 11 形成一定高低差，并且辅助站立部 12 和卧部 11 交接处设置为倾斜的斜面。母猪在由躺卧状态试图站立时，其蹄部在寻找借力点时，可以踩踏至该斜面，从而便于借力站起。高低差的设置也便于母猪翻身时腿部的伸展，方便站立动作完成。

图 2 - 11 - 2 为本研究提供的一种哺乳母猪保育栏漏粪地板的实施例的侧视图，图 2 - 11 - 3 为图 2 - 11 - 2 中 A 区域的放大示意图。如图所示，在一较佳的实施方式中，所述栏板 1 的上表面交替设置有上凸的凸部 13 和下凹的凹部 14；所述凸部 13 的上表面水平，与所述凹部 14 连接处倒圆角；所述凹部 14 呈半圆形。

在主要实施例的基础上，为了防止母猪在试图站立时无法找到上述斜面借力，因此，在栏板 1 的上表面设置有凹凸的结构，母猪的蹄部可以在这些凹凸的结构上借力。当然，为了保持母猪躺卧时的舒适性，凸部 13 最高点和凹部 14 最低点之间的高低差不应过大，设置在 1~3 厘米的范围内为宜，具体可以根据凸部 13 和凹部 14 的长度确定其高低差竖直。较佳的，凸部 13 和凹部 14 的长度均设置为 5 厘米，其高低差设置为 2 厘米。

在一可选的实施方式中，所述辅助站立部 12 有多个，相邻两所述辅助站立部 12 之间设置有等长的卧部 11。即无论母猪卧于何处，总能找到最近的辅助站立部 12 实施站立动作。

在一可选的实施例中，所述侧板 2 外部设置有固定件 21。固定件 21 用于将本研究提供的漏粪地板固定于外部框架或其他固定点中。在一较佳的实施例中，固定件 21 为向下翻折的直板，呈挂钩状，可以直接悬挂于矩形框架的边沿，便于装配。

在可选的实施方式中，相邻所述栏板 1 之间的距离为单一栏板 1 宽度的 0.5~1.5 倍。这一距离不宜过宽，否则，可能会导致母猪或仔猪蹄部卡陷于栏板 1 之间，造成损伤；这一距离也不宜过窄，否则粪便不容易漏下，难以清理。较佳的，相邻所述栏板 1 之间的距离与单一栏板 1 的宽度相等，栏板 1 的宽度设置为 3 厘米左右为宜。

从上面所述可以看出，本研究提供的一种哺乳母猪保育栏漏粪地板，通过设置下凹的辅助站立部，以及在栏板上表面设置凹部，为猪只提供了站立时的借力点，使其在站立过程中不会打滑，同时，能够满足猪舍粪尿排出的要求，结构简单便于制造，具备较高的实用性。

所属领域的普通技术人员应当理解：以上任何实施例的讨论仅为示例性的，并非旨在暗示本公开的范围（包括权利要求）被限于这些例子；在本研究的思路下，以上实施例或者不同实施例中的技术特征之间也可以进行组合，并存在如上所述的本研究的不同方面的许多其他变化，为了简明它们没有在细节中提供。因此，凡在本研究的精神和原则之内，所做的任何省略、修改、等同替换、改进等，均应包含在本研究的保护范围之内。

本研究申报了专利保护，申请号为：2016 2 0071568 7

2.12 一种猪场粪便自动清理装置

2.12.1 技术领域

本研究涉及畜牧养殖设备技术领域，特别是指一种猪场自动化清粪装置。

2.12.2 背景技术

规模化猪场饲养的种猪或商品猪的密度大、集中度高，每天产生的粪便多，如何及时收集与处理一直是规模化养殖场面临及必需处理的问题。如果粪便不及时处理，会造成养殖生产过程受阻，场区内环境恶劣，严重时造成对周边环境的污染，会受到有关环保部门的处罚。为此，在规模化猪场出现了不同的机械式的粪便清理装置，但出现的问题是清理装置的结构复杂，机械主要部件容易损坏，损坏后维护不方便，达不到自动清理的要求。因此，本研究提出了一套结构简单耐用的自动粪便清理装置，主要满足规模化养殖场清理粪便的需求。

2.12.3 解决方案

有鉴于此，本研究的目的在于提出一种猪场粪便自动清理装置。

基于上述目的本研究提供的一种猪场粪便自动清理装置，设置于漏粪地板下方，包括收集槽和收集体；所述收集槽底面中部凹陷；所述收集槽中部底面设置有开口，收集槽中部下方设置有尿液管，所述尿液管上方沿其轴向设置有开口，收集槽和尿液管通过各自的开口连通；所述收集体设置于所述收集槽内并与所述收集槽形状配合，所述收集体垂直所述收集槽长度的两侧面均为斜面；所述收集体连接至外部牵引索，所述牵引索用于牵引所述收集体沿所述收集槽移动。

进一步，所述收集体底面中部还设置有清理体，所述清理体与所述尿液管形状配合，所述清理体通过一能够伸入所述收集槽底面开口的连接部连接至所述收集体；所述收集体设置于所述收集槽内时，所述清理体设置于所述尿液管内。

进一步，所述牵引索的两端分别连接至牵引电机。

进一步，所述收集槽和收集体有至少两组，全部所述收集体共用一根环状的牵引索，所述牵引索通过至少一台牵引电机并通过牵引电机驱动；所述牵引索转角处设置滑轮辅助连接。

进一步，所述收集体底部设置有导轮。

从上面所述可以看出，本研究提供的一种猪场自动化清粪装置，通过设置收集槽和收集体，可以自动化收集猪只的粪便和尿液；装置还可以多台联动，同时收集，便于统一管理，大大提高了清理粪便的效率。

2.12.4　附图说明

图 2 - 12 - 1 为本研究提供的一种猪场自动化清粪装置的实施例的立体示意图。

图 2 - 12 - 2 为本研究提供的一种猪场粪便自动清理装置的实施例的主视图。

图 2 - 12 - 3 为本研究提供的一种猪场粪便自动清理装置的实施例的俯视图。

图 2 - 12 - 4 为本研究提供的一种猪场粪便自动清理装置的另一实施例的俯视图。

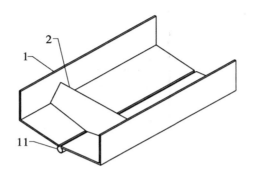

图 2 - 12 - 1　一种猪场自动化清粪装置的立体示意图
1—收集槽　2—收集体　11—尿液管

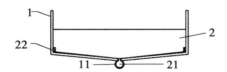

图 2 - 12 - 2　一种猪场粪便自动清理装置的主视图
1—收集槽　2—收集体　11—尿液管　21—清理体　22—导轮

具体实施方式如下。

图 2 - 12 - 1 为本研究提供的一种猪场粪便自动清理装置的实施例的立体示意图；图 2 - 12 - 2 为本研究提供的一种猪场粪便自动清理装置的实施例的主视图。如图所示，本实施例中的一种猪场自动化清粪装置，设置于漏粪地板下方，包括收集槽 1 和收集体 2；所述收集槽 1 底面中部凹陷；所述收集槽 1 中部底面设置有开口，收集槽 1 中部下方设置有尿液管 11，所述尿液管 11 上方沿其轴向设置有开口，收集槽 1 和尿液管 11 通过各自的开口连通；所述收集体 2 设置于所述收集槽 1 内并与所述收集槽 1 形状配合，所述收集体 2 垂直所述收集槽 1 长度的两侧面均为斜面；所述收集体 2 连接至外部牵引索 3，所述牵引索 3 用于牵引所述收集体 2 沿所述收集槽 1 移动。

所述形状配合的含义是，收集体 2 底面为中部向下凸出的形状，并且截面形状为与收集槽 1 底面形状配合。例如，在图 2 - 12 - 1、图 2 - 12 - 2 所示的实施例中，收集槽 1 底部为 "V" 形，及收集槽 1 底面由两倾斜平面拼合而成，此时收集体 2 底面也应当由两倾斜角度匹配的平面拼合而成。在其他可选的实施方式中，收集槽 1 底面可以为弧面，即其截面形状为圆弧的一部分或其他形状的弧，此时收集体 2 底面也设置为与收集

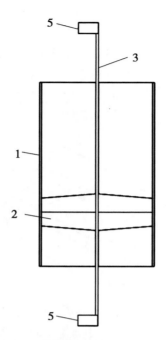

图 2 - 12 - 3 一种猪场粪便自动清理装置的俯视图
1—收集槽 2—收集体 3—牵引索 5—牵引电机

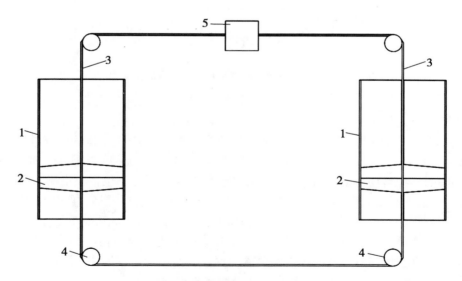

图 2 - 12 - 4 一种猪场粪便自动清理装置的另一实施例的俯视图
1—收集槽 2—收集体 3—牵引索 4—滑轮 5—牵引电机

槽 1 底面形状配合的弧面即可。

通常情况下，猪只的粪便和尿液由漏粪地板漏下，落在收集槽 1 内，由于收集槽 1 中部凹陷，因此，尿液会汇流入中部尿液管 11 内，并沿尿液管 11 流出，尿液管 11 端部可设置收集装置进行收集；粪便则会滞留在收集槽 1 内，当牵引索 3 带动收集体 2 由收集槽 1 的一端运动至另一端时，收集体 2 会将收集槽 1 内的全部粪便推动收集，从收集槽 1 端部推出；一定时间间隔后，可以驱动牵引索 3 反向带动收集体 2 返回，反向收集，重复上述往复运动，即可将收集槽 1 内的粪便和尿液完全收集。

在一较佳的实施例中，参考图 2-12-2，所述收集体 2 底面中部还设置有清理体 21，所述清理体 21 与所述尿液管 11 形状配合，所述清理体 21 通过一能够伸入所述收集槽 1 底面开口的连接部连接至所述收集体 2；所述收集体 2 设置于所述收集槽 1 内时，所述清理体 21 设置于所述尿液管 11 内。

为了防止粪便进入尿液管 11 内导致尿液管 11 堵塞，在收集体 2 中部下方设置了清理体 21，收集体 2 置于收集槽 1 内时，清理体 21 位于尿液管 11 内，当收集体 2 运动时，清理体 21 会从尿液管 11 的一端运动至另一端，从而将尿液管 11 中的粪便完全清空，保证了尿液的顺利收集。

在一较佳的实施例中，所述牵引索 3 的两端分别连接至牵引电机 5；两端的牵引电机 5 一台正转一台反转，即可牵引牵引索 3 朝向某一方向运动；当两牵引电机 5 的运动方向同时改变时，即可牵引牵引索 3 朝向相反方向运动。

图 2-12-4 为本研究提供的一种猪场粪便自动清理装置的另一实施例的俯视图。如图所示，在另一可选的实施方式中，所述收集槽 1 和收集体 2 有至少两组，全部所述收集体 2 共用一根环状的牵引索 3，所述牵引索 3 通过至少一台牵引电机 5 并通过牵引电机 5 驱动；所述牵引索 3 转角处设置滑轮 4 辅助连接。

在本实施例中，将多组收集槽 1 "串联"，将牵引索 3 设置为环状，并通过牵引电机 5 牵引其运动；当牵引索 3 运动时，会带动其上的多个收集体 2 共同运动，同时完成清理工作，较为方便。

较佳的，在一可选实施例中，所述收集体 2 底部设置有导轮 22。为了尽可能减小阻力，在收集体 2 底部设置导轮 22；但是需要注意的是，导轮 22 应当为嵌入式设置，即露出收集体 2 底面的部分应当尽可能小，以保证收集体 2 底面尽可能贴近收集槽 1 底面，防止空隙过大而导致粪便收集不当。

从上面所述可以看出，本研究提供的一种猪场自动化清粪装置，通过设置收集槽和收集体，可以自动化收集猪只的粪便和尿液，与粪便接触处无复杂机械装置，结构简单耐用；装置还可以多台联动，同时收集，便于统一管理，大大提高了清理粪便的效率。

本研究申报了专利保护，申请号为：2016 2 0071807 9

3 畜产品溯源相关专利技术

3.1　一种家畜无源超高频电子耳标

3.1.1　技术领域

本研究涉及一种畜禽标签，特别涉及一种在家畜活体饲养过程中进行标识的电子耳标。

3.1.2　背景技术

随着人们对食品质量安全越来越重视，对农产品进行追踪标识已成为一个必然的趋势。其中，对家畜个体及其其后中间产品进行标识是建立肉类畜产品生产全程跟踪与溯源在养殖环节、屠宰加工环节中重要的环节。我国每年家畜饲养数量巨大，特别是饲养的商品家畜的数量随市场的需求量而在逐年增加。按照农业部 2006 年 6 月 26 日发布的第 67 号令的要求，从 2006 年 7 月 1 日起，凡是出栏的家畜，主要指猪、牛、羊必须佩戴具有唯一编码的耳标或标签，因而开发方便佩戴、易于识读的标签或耳标是行业需求的。但是，在过去农业部推广应用二维条码耳标的实践中，由于当初过于关注标签或耳标的成本的限制，选用的材质较差，塑料材质的色母力（保持颜色在材质上的沉积不变色或掉色的能力）不高，导致自 2006 年以来，家畜耳标佩戴的工作推进困难。主要是塑料条码耳标的掉标率高、识读困难甚至不能识别，达不到该项工作推进对技术的要求。因此，开发技术上稳定、成本上可接受的电子标签是发展的必然。

随着无线射频识别（RFID）技术的逐步完善，针对不同行业需求开发不同的应用产品成为可能，超高频（860～915 兆赫兹）RFID 电子耳标，配合适当的 RFID 阅读器，可以在一定范围内进行耳标的自动识别，耳标还可以回收，重新写入数据后重复使用，使用寿命较长，可使用于对经济价值高、服务年限长的种畜，如种猪、奶牛，甚至价值高的家畜如生猪、肉羊等的标识，对环境不会带来危害。

3.1.3　解决方案

本研究的目的是提供一种无源电子耳标，该标签可用在对家畜养殖过程中的个体标识。

本研究所提供的耳标，包括耳标本体和连接在其上的固定部件；所述耳标本体包括电子标签芯片和封装盒体，所述芯片固定于所述封装的盒体内。

所述封装盒体的全部采用无铅无毒材料，外部材质为聚氨酯。

所述封装盒体完全将电子芯片密闭起来，与盒体融为一体。

所述封装盒体的一侧设有孔，沿孔的一侧与盒体垂直的方向镶嵌出空心的圆柱体，用于佩戴耳标的。

所述固定耳标部件为带有圆柱杆的圆面体形状的部件，而小圆柱体的另一端为小圆锥体，材质为铜质，拥有锐利的锥尖，便于穿过家畜的耳皮层。

所述固定耳标部件，在小圆锥体与小圆柱体连接段，增加一段凹陷，用于固定耳标部件与耳标本体的镶嵌及固定。

本研究电子耳标能防潮、防腐、防磁、耐高温，不易被外力损坏，使用寿命长（一般在 10 年以上），在复杂恶劣的环境中仍可识别；本标签配合超高频读写器使用，可以在黑暗环境中记录目标对象信息，还可以实时向标签中写入作业信息，进一步完成对标识家畜生产与移动的全程跟踪；本标签可重复使用，节省成本，利于环保；本研究标签操作简单，不可伪造。基于以上优点，本研究电子标签尤其适合于家畜活体的固定及移动运输过程中的标识。

3.1.4 附图说明

图 3 - 1 - 1 为本研究标签的结构示意图。

图 3 - 1 - 2 为图 3 - 1 - 1 的俯视图。

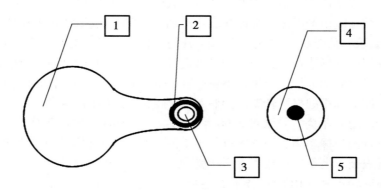

图 3 - 1 - 1 标签的结构示意图

1—耳标本体 2—连接耳标的空心圆体 3—耳标固定部件 4—带有小锥体尖的圆柱杆体

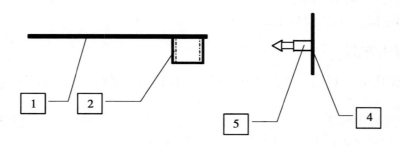

图 3 - 1 - 2 图 3 - 1 - 1 的俯视图

1—耳标本体 2—连接耳标的空心圆体 4—带有小锥体尖的圆柱杆体 5—孔心

具体实施方式。

如图 3 - 1 - 1 和图 3 - 1 - 2 所示，本研究包括嵌入有电子芯片的耳标本体 1、连接耳标的空心圆体 2、耳标固定部件 3 及带有小锥体尖的圆柱杆体 4。其连接关系如下。

空心圆体 2 实际上固定在耳标本体远端一侧，通过其圆孔与 3 卡接在一起，耳标本体与固定耳标件 3 通过 4 上的圆柱体远端侧面凹进的圆柱面紧密镶嵌，将耳标本体、标识对象的耳朵层体与耳标固定的圆面体紧扣在一起。耳标本体实际上在固件的圆柱杆上做适当转动。

本实施例中，耳标本体的封装材料采用保温隔热的聚胺酯材料（厦门誉匠复合材料有限公司，产品型号：UG-7001AB）；嵌入的电子芯片为 UCODE-G2XL（Philip 生产），其工作频率为 915MHz，配合手持式阅读器，读写距离可达 50～60 厘米。数据传输速率为，从阅读器到耳标的速率为：40～160 千比特/秒，反过来为：40 ～ 465 千比特/秒。

本研究标签可与现有的超高频（UHF）可读写标签内容的读写器配合使用。本研究标签与读写器的通讯协议采用兼容的 UHF EPC G2 标准。

可以根据实际需要，在耳标本体的内外表面采用彩色油墨印刷方式印刷上文字。

本研究的应用方式如下。

编码规则：编码由 15 位数字组成，第 1 位为家畜的物种编码。按中国农业部第 67 号规定，"1"代表猪，"2"代表牛，"3"代表羊。紧接着的 6 位为某饲养场所在县市或者市区的行政区划代码，服从国家标准 GB 2260—2006，最后的 8 位为上述该区域内同一物种个体的顺序编码，由该区域内畜牧兽医管理部门统一编号。按此编码规则，耳标内部编码具有全国唯一性和不可伪造性。信息的写入和读取需通过超高频读写器完成。

在实际使用中，本研究耳标，既可以在佩戴耳标前，集中写入编码信息及附带其他的信息，如畜主信息等，然后再佩戴耳标，也可以在耳标佩戴后再写入编码信息及其他信息。无论是那种写入信息的方式，都需要将写入的信息记录到桌面计算机数据管理系统中，以便随时进行跟踪与信息的管理、耳标数据的更新。

本研究获得的标签申请了专利保护，专利号为：ZL 2013 2 0016512. 8

3.2　一种畜禽胴体有源超高频电子标签

3.2.1　技术领域

本技术涉及一种畜禽胴体标签，特别涉及一种在畜禽屠宰及胴体运输过程中使用的标签。

3.2.2　背景技术

随着人们对食品质量安全越来越重视，对产品进行追踪标识已成为一个热门趋势。其中，对畜禽胴体进行标识是肉类溯源在屠宰中间环节的一个重点。中国每年畜禽屠宰数量巨大，由畜禽个体劈分产生的胴体数量更是成倍增加，因而对畜禽在屠宰线上及胴体运输过程中进行标识是一个比较繁重的工作，一种方便实用的标签显得尤为必要。然而实际上，畜禽在屠宰及运输过程中所处的环境大都是阴暗、潮湿、污多、酸性的，而且，在屠宰及运输过程中胴体经常要遭受高强度的推拉等外力作用，在这样复杂的环境下，一般的标签都很容易损坏而不能达到预期使用目的。例如，目前常用的普通纸质条码标签容易发生物理损坏以及图形损害，更严重时会因粘连而出现标签的丢失进而出现诸多的信息流的中断；塑料标签，一般不能做到现场制作与打印，生产带有编码信息的标签的灵活性差，而且，不能回收，给环保带来压力，高频（13.56兆赫兹）无线射频识别（RFID）电子标签的阅读距离有制约，在流水线上作业有时出现漏读的现象。

3.2.3　解决方案

本技术的目的是提供一种标签，该标签可在畜禽屠宰及胴体运输过程中使用。

本技术所提供的标签，包括标签本体和连接在其上的悬挂部件；所述标签本体包括电子标签芯片和封装盒体，所述芯片固定于所述封装盒体内。

所述封装盒体的表面可以覆盖有隔热膜。

所述封装盒体可以是由形状完全相同的两个片状元件组成，两个片状元件的连接方式可以是沿四周粘贴或在片状元件的边缘设有相互匹配的卡接结构。

所述芯片的两个侧面分别粘贴在所述两个片状元件上。

所述封装盒体的一侧设有孔，所述悬挂部件穿设在该孔中。

所述悬挂部件可以为带状部件。

所述带状部件具体可以为绵绳、尼龙绳或一端带有扣齿，另一端带有扣环的硬质带状物。

本技术标签能防潮、防腐、防磁、耐高温，不易被外力损坏，使用寿命长（10年以上），在复杂恶劣的环境中仍可识别；本标签配合超高频读写器使用，可以在黑暗环境中记录目标对象信息，还可以实时向标签中写入作业信息，进一步完成对标识物品作业过程的全程跟踪；本标签可重复使用，节省成本，利于环保；本技术标签操作简单，不可伪造；为节省标签成本，本标签的信息存储量是固定的，不仅包括猪只胴体的唯一标识信息，而且，还可以记载猪只胴体的主要屠宰过程信息，包括屠宰场名称、宰前检查与宰后检疫的信息等，既可以节省成本，又实现了在没有网络的环境下离线查询屠宰过程信息。基于以上优点，本技术标签尤其适合于畜禽屠宰及胴体运输过程中使用。

3.2.4 附图说明

图3-2-1为本技术标签的结构示意图，图3-2-2为图3-2-1的俯视图。

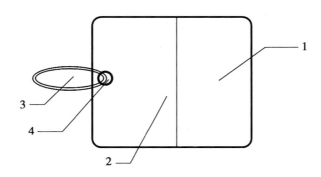

图3-2-1 标签的结构示意图
1—电子标签芯片 2—封装盒体 3—带扣齿和扣环的硬质塑料条带 4—孔

图3-2-2 标签结构的俯视图
2—封装盒体 3—带扣齿和扣环的硬质塑料条带 4—孔

具体实施方式如下。

如图3-2-1和图3-2-2所示，本技术包括电子标签芯片1、封装盒体2、带扣齿和扣环的硬质塑料条带3（即悬挂条带）和隔热膜。其连接关系如下。

封装盒体2是由两个形状完全相同的片状塑封元件沿四周粘贴而成，片状元件的形状为一长方形；电子标签芯片1位于封装盒体2内，并且，芯片的两个侧面分别粘贴于两个片状元件的内表面上；两个片状元件的外表面上粘贴有塑封膜；封装盒体2在不含芯片的设有孔4；带扣齿和扣环的硬质塑料条带3穿设在孔4中。

本实施例中，片状元件采用PET+EVA塑封膜材料（上海奇遇包装材料有限公司，产品型号：EVA模切成型6），当然，还可以根据需要采用其他的材料，如PVC、EPC）；芯片为 ALN—9532 2x2 Inlay（由加拿大 Alien 技术公司提供 http：//www.alientechnology.com），其工作频率为900兆赫兹，内存容量为96 bits，用户区可记录 64 个字符或者 32 个汉字；隔热膜为 3M 隔热膜材料。

本技术标签可与现有的超高频可读写标签内容的读写器配合使用。本技术标签与读写器的通讯协议采用兼容的 ISO 18000-6C 国际标准。

可以根据实际需要，在片状元件的内外表面采用彩色油墨印刷方式印刷上文字。

在上述实施例中，两个片状元件的连接方式是多样的，还可以采用卡接的连接方法。即在所述片状元件的边缘设有相互匹配的卡接结构。

本技术的应用方式如下。

编码规则：编码由 20 位数字组成，前 6 位为某屠宰厂所在县市或者市区的行政区划代码，服从国家标准 GB 2260—2006，接着的 2 位为屠宰厂编号，再接着的 8 位为屠宰日期，最后的 4 位为同一日期内的胴体顺序号。按此编码规则，标签内部编码具有全国唯一性和不可伪造性。信息的写入和读取需通过专用超高频读写器。

在实际使用中，可以将本技术标签中带扣齿和扣环的硬质塑料带的一头穿过标签，再绕过猪只胴体内侧上部的肋骨，然后与带的另一头相扣，从而，使标签悬挂在目标对象上。在悬挂标签前，通过标签读写装置（即读写器）向标签写入胴体唯一编码及屠宰屠宰厂等，以便随时进行跟踪。

本技术申请了专利保护，获得的专利号为：ZL 2010 2 0180988.1

3.3　一种畜禽胴体条码标签

3.3.1　技术领域

本技术涉及一种畜禽胴体标签，特别涉及一种在畜禽屠宰及胴体运输过程中使用的一种条码标签。

3.3.2　背景技术

随着人们对食品质量安全越来越重视，对产品进行追踪标识已成为一个热门趋势。其中，对畜禽胴体进行标识是肉类溯源在屠宰中间环节的一个重点。我国每年畜禽屠宰数量巨大，由畜禽个体劈分产生的胴体数量更是成倍增加，因而对畜禽在屠宰线上及胴体运输过程中进行标识是一个比较繁重的工作，一种方便实用的标签显得尤为必要。然而实际上，畜禽在屠宰及运输过程中所处的环境大都是阴暗、潮湿、污多、酸性的，而且，在屠宰及运输过程中胴体经常要遭受高强度的推拉等外力作用，在这样复杂的环境下，一般的标签都很容易损坏而不能达到预期使用目的。例如，目前常用的普通纸质条码标签容易发生物理损坏以及图形损害，更严重时会因粘连而出现标签的丢失进而出现诸多的信息流的中断；塑料标签，一般不能做到现场制作与打印，生产带有编码信息的标签的灵活性差，而且，不能回收，给环保带来压力，高频（13.56 兆赫兹）无线射频识别（RFID）电子标签的阅读距离有制约，在流水线上作业有时出现漏读的现象。

3.3.3　解决方案

本技术的目的是提供一种标签，该标签可在畜禽屠宰及胴体运输过程中使用。

本技术所提供的标签，包括标签本体和印制在上面的条形码；所述标签本体包括具有防水功能的合成 PP 纸，且在 PP 纸的表面覆盖带保护层的热敏涂层，已在打印头热量的作用下形成文字及条码。所述具有编码信息的条形码通过现场的条码打印机印制在标签纸的固定区域内。

所述标签本体的背部的上边缘具有一条黑色的条带，用于打印标签时标签向前间断且连续移动时的精确定位。

所述标签本体的上端上方中间，穿有圆形小孔，通过悬挂部件穿设在该孔中。

所述悬挂部件可以为带状部件。

所述带状部件具体可以为绵绳、尼龙绳或一端带有扣齿，另一端带有扣环的硬质带状物。

本技术标签能防潮、防腐、防蛀、耐磨，耐折叠性好，不易被外力损坏，保存期长，在复杂恶劣的环境中仍可识别；本条码标签阅读方便，配合相关的固定的或移动的数据库系统及网络，进一步完成对标识物品作业过程的全程跟踪；本标签可重复使用，节省成本，利于环保；本技术标签操作简单，不可伪造；为节省标签成本，本标签的信息存储量是固定的，不仅包括猪只胴体的唯一标识信息，而且，与胴体的标识信息对接，配合计算机系统载猪只胴体的主要屠宰过程信息，包括屠宰场名称、宰前检查与宰后检疫的信息等，既可以节省成本，使用寿命长，环保性好，又能实现在线查询屠宰过程信息。基于以上优点，本技术标签尤其适合于畜禽屠宰及胴体运输过程中使用。

3.3.4 附图说明

图 3 - 3 - 1 为本技术标签的结构示意图。

图 3 - 3 - 2 为图 3 - 3 - 1 的俯视图。

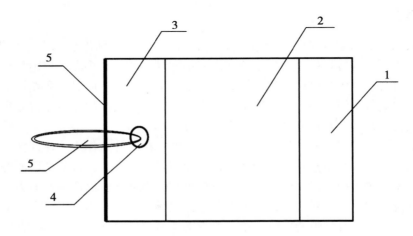

图 3 - 3 - 1 条码标签的结构示意图

1—标签本体 1 区印制追溯查询方式信息 2—标签本体 2 区打印生产日期、
批次及胴体编码的条码区 3—标签本体的 3 区打印生产厂家的 Logo 与
相关信息区，图形及信息 4—标签本体的 4 区为椭圆形的穿孔区
5—带扣齿和扣环的硬质塑料条带

具体实施方式如下。

如图 3 - 3 - 1 和图 3 - 3 - 2 所示，本技术包括标签本体 1 区，用于印制追溯查询方式信息，如网络查询网址、短息查询平台信息。信息即可现场印制，也可事先印制；标签本体 2 区为现场打印生产日期、批次及胴体编码的条码区；标签本体的 3 区为打印生产厂家的 Logo 与相关信息区，图形及信息均事先印制好；标签本体的 4 区为椭圆形的穿孔区；5 为带扣齿和扣环的硬质塑料条带；6 为标签本体背面的黑色条带，用于现场打印标签时，标签向前送出的精确定位。其连接关系如下：带扣齿和扣环的硬质塑料条带 5 穿设在孔 4 中。

本技术实例中，标签材质采用来自台湾某公司生产的 PP 合成纸。PP 合成纸原料来源及制造过程不会造成环境的改变及破坏，产品使用后可以 100% 回收，即使焚烧处理，因为其塑料基材只含碳和氧元素，不会产生有毒、有害气体。合成纸原料不需要木

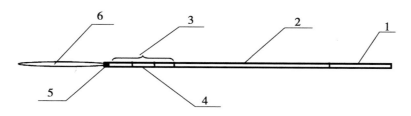

图 3 - 3 - 2 条码标签的俯视图

1—标签本体 1 区印制追溯查询方式信息 2—标签本体 2 区打印生产日期、
批次及胴体编码的条码区 3—标签本体的 3 区打印生产厂家的 Logo 与
相关信息区，图形及信息 4—标签本体的 4 区为椭圆形的穿孔区
5—带扣齿和扣环的硬质塑料条带 6—标签本体背面的黑色条带

材及天然植物纤维，可以节约大量的森林资源及减少环境污染。具体特点能满足对处在特殊环境下的胴体标识，也满足食品卫生的要求：

- 比重轻（密度一般小于 0.8 克/立方厘米），刚性好；
- 非常经久耐用，强度大、防刺孔、抗撕裂（尤其是横向）、耐磨、耐折叠性好；
- . 不含天然纤维，100% 防水、防化学品和防油脂；
- 纸张白度和不透明度可达到 90% 以上，遮蔽性好，紫外线稳定性好；
- 表面光滑，尺寸稳定，高质量的印刷性能，印刷适性好，可采用平版、凸版、凹版、胶版、丝网、柔性版（苯胺）等印刷方法及溶剂性油墨，也可用铅笔、圆珠笔直接书写；
- 加工性好，可采用裁切、模切、压花、烫金、钻孔、缝纫、折叠、胶接等加工方法；
- 保存期长，防蛀、防腐；
- 可代替复合、喷铝、淋膜等复合纸产品；
- 最重要的，也是必须的，标签材质可允许与食品，如胴体及分割肉直接接触。

本技术标签的条码印制区 2，可以印制国际上码制公开的一维条形码或二维条形码，如一维条形码有 EAN-13 码、code39 码、11 码及 128 码等，二维条形码有 QR、Data Matrix 码、PDF417 码等。因此，可与现有通用的条码阅读器配合使用。本标签实例采用 128 码可变长的一维条码，表达后面叙述的 20 位胴体编码。

本技术的应用方式如下。

编码规则：编码由 20 位数字组成，前 6 位为某屠宰厂所在县市或者市区的行政区划代码，服从国家标准 GB 2260—2006，接着的 2 位为屠宰厂编号，再接着的 8 位为屠宰日期，最后的 4 位为同一日期内的胴体顺序号。按此编码规则，标签内部编码具有全国唯一性和不可伪造性。标签的打印采用台湾台湾鼎翰科技股份有限公司生产的 TSC 244ME Plus 条码打印机。

在实际使用中，可以将本技术标签中带扣齿和扣环的硬质塑料带的一头穿过标签，再绕过畜禽如猪只胴体内侧上部的肋骨，然后与带的另一头相扣，从而使标签悬挂在目标对象上。在悬挂标签前，现场通过与及计算机连接的胴体条码打印机，按畜禽如猪只胴体在流水线上的物理位置，在计算机系统自动取得顺序的且唯一的胴体编码后，传递给条码打印机将相关的批次，及对应编码的一维条形码信息现场印制于条码标签的信息2 区里，这里一个带有条码及可视化信息的畜禽条码标签就产生来了，并立即佩戴或悬挂在胴体的内侧或其他可悬挂的地方，就完成了标签的角色，参与整个畜禽个体及其产品的跟踪与溯源。

本标签已经申请专利保护，获得的专利号为：ZL 2008 2 0109536.7

3.4 一种平面式高频 RFID 读写器

3.4.1 技术领域

本研究涉及射频识别（RFID）领域，更具体地，涉及一种平面式高频（HF）读写器。

3.4.2 背景技术

RFID 技术作为一种非接触式的自动识别技术目前在很多领域都有广泛应用。这种技术通过射频信号自动识别目标对象并获取相关数据，其识别工作无须人工干预，识别率高，速度快。

现有的 RFID 系统基本由 3 部分组成：射频标签、阅读器和天线。射频标签又称为电子标签，由耦合元件及芯片组成，每个标签都具有唯一的电子编码，该标签被附着在物体上用于标识目标对象，标签可以分为被动标签（或无源标签）和主动标签（或有源标签）。现有一种阅读器还可以用于向标签中写入信息，兼具读取和写入的功能，因此又被称为读写器。天线用于在标签和阅读器之间传递射频信号。这种 RFID 系统的基本原理是：当射频标签进入磁场后，被动标签接收阅读器发出的射频信号，凭借感应的电流获得的能量发送出储存在标签的芯片中的产品信息，主动标签主动发出一定频率的信号。然后阅读器接收标签发送的信号，解码读取其中的信息，并将读取的信息送入到其他数据处理系统中以待相关的数据处理。

RFID 应用所占据的频段或频点在业内有公认的划分，按频率高低可以分为低频段（30 千赫兹-300 千赫兹，典型的工作频率有 125 千赫兹、133 千赫兹）、中高频段（3 兆赫兹-30 兆赫兹，典型的工作频率有 13.56 兆赫兹）、超高频与微波（30 兆赫兹以上，典型的工作频率有 433 兆赫兹、902-928 兆赫兹、2.45 吉赫兹、5.8 吉赫兹）。对于可无线写入的标签而言，通常情况下，写入距离要小于读取距离，其原因在于写入要求更大的能量。现有的高频 RFID 读写器一般利用专用的集成电路芯片来进行设计，如飞利浦生产的 RC500 等，其中，集成的各个元器件都不可改动。但是这类芯片中集成的功率元件一般功率较小，多为 1 瓦以下，因此，信号发射功率较小，所以，会带来信号能量低、速度慢、读写距离短等不足，现有的读写器一般读写距离约为 10 厘米。并且，由于信号能量较低，所以，有时发出几个信号才能收到一个返回信号，读取写入率也因此受到影响。

RFID 读写器可以应用于各种领域，如商店、物流、门禁等，根据所要读取的物品的大小、形状，阅读器一般分为手持式和固定式，其中，固定式按外形还可以分为平面式、立式等。例如，在图书馆中，多使用放置在桌面上的平面式读写器，将书放置在平面式读写器上来读取书上的射频标签。但是，通常一本书的厚度可能达到 10 厘米，这时使用现有的应用于图书馆的平面式读写器只能将书放在一本一本单独扫描，这样工作人员的工作量很大。如果将书叠放在一起，则会造成部分射频标签距读写器的距离增大，无法正常读取标签。

3.4.3　解决方案

本研究针对现有的平面式高频读写器中所存在的利用专用集成电路芯片设计导致读取距离小、不能一次读取叠放在一起导致厚度过大的多个物体的不足，提供一种采用分立器件的平面式高频读写器，该读写器能够发出能量高、功率大的信号，读写距离较大，能够一次性读取多个叠放物体。

本研究提供的平面式高频读写器包括平面式外壳及置于该平面式外壳内的调制电路、发射接收电路、解调电路和天线，所述发射接收电路与天线通信，调制电路的输出端、解调电路的输入端均电连接到发射接收电路，其中，所述发射接收电路与调制电路和/或解调电路之间可拆装地连接。

现有技术中的平面式高频读写器采用集成电路芯片，不能对芯片中的各集成部分进行独立配置，而本研究通过至少使发射接收电路分立（优选使组成元器件均分立），并与该读写器的其他组成部分可拆装地连接，也就是不与其他组成部分集成，从而，可以对发射接收电路的发射、接收功率进行独立配置。例如，可以采用大功率器件，从而使得本研究提供的平面式高频读写器能够发出能量高、功率大的信号，因此，读写距离远。采用功率为 1 瓦以上的器件时，读写距离可以达到 30 厘米以上，为现有高频读写器的 3 倍以上，采用功率为 4 瓦以上的器件时，读写距离可以达到 1 米以上。并且由于信号能量的提高，更容易收到响应。在优选实施方式中组成该平面式高频读写器的元器件彼此之间都是可拆装地、非集成的连接。由于读写距离大大加大，例如，在图书馆使用时，可以将多本书叠放在一起一次性读取标签信息，从而大大减少工作人员的工作量，提高读取效率。

3.4.4　附图说明

图 3-4-1 为本研究提供的平面式高频读写器的立体图；图 3-4-2 为应用根据本研究提供的平面式高频读写器的 RFID 系统的组成框图；图 3-4-3 为根据本研究的优选实施方式的平面式高频读写器的组成框图。

具体实施方式如下。

下面结合附图对本研究进行进一步的说明。

如图 3-4-1、图 3-4-2 所示，本研究提供的平面式高频读写器 1 包括平面式外壳 10 及置于该平面式外壳 10 内的调制电路 11、发射接收电路 12、解调电路 13 和天线 20，所述发射接收电路 12 与天线 20 通信，调制电路 11 的输出端、解调电路 13 的输入端均电连接到发射接收电路 12，其中，所述发射接收电路 12 与调制电路 11 和/或解调电路 13 之间可拆装地连接。

如图 3-4-1 所示，所述平面式外壳 10 可以为矩形，尺寸以适用于所要识别的物

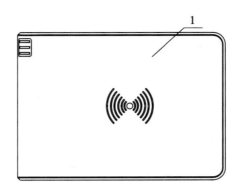

图 3 – 4 – 1　平面式高频读写器的立体图

1—平面式高频读写器

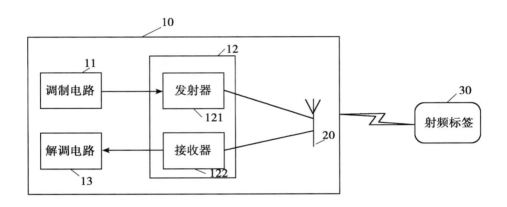

图 3 – 4 – 2　平面式高频读写器的 RFID 系统的组成框图

10—平面式外壳　11—调制电路　12—发射接收电路　121—发射器　122—接收器

13—解调电路　20—天线　30—射频标签

体的尺寸为准，如在图书馆使用时，平面式外壳 10 的尺寸可以略大于一般书本的常规尺寸，如略大于标准 A4 纸的尺寸。如图所示，平面式外壳 10 上还可以具有多个指示灯，例如，LED 指示灯用于指示读写状态等。

　　如图 3 – 4 – 2 所示，所述发射接收电路 12 包括发射器 121 和接收器 122，发射器 121 的输出端、接收器 122 的输入端分别与天线 20 通信，发射器 121 的输入端电连接到调制电路 11 的输出端，接收器 122 的输出端电连接到解调电路 13 的输入端。

　　所述发射器 121 和接收器 122 与天线 20 之间构成通信链路，天线 20 与射频标签 30 之间构成无线射频通信的通信链路，从而，读写器 1 可以通过这些通信链路向射频标签 30 中写入信息或者从射频标签 30 中读取信息。其中，天线 20 为平面天线，在读取范围内无盲区。

　　本研究中提到的"可拆装地连接"是指不与其他组成部分集成组合成集成电路芯片，以区别于现有技术中的集成电路芯片，本研究可以根据读写器的工作原理搭建电

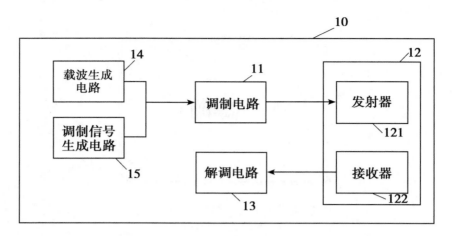

图 3 - 4 - 3　平面式高频读写器的组成框图

10—平面式外壳　11—调制电路　12—发射接收电路　121—发射器　122—接收器

13—解调电路　14—载波发生电路　15—调制信号发生电路

路，并且，各元件之间互不集成，从而读写器中的元器件都可以可拆装地选取，可以选择比集成电路芯片中性能更好、功率更大的元器件。

　　具体来说，所述读写器 1 中的所述发射器 121 与所述调制电路 11 和/或接收器 122 与解调电路 13 可以可拆装地连接，这些电路中的元器件也可以可拆装地连接到各自的电路中。

　　本研究使用的调制电路 11 可以采用频移键控（FSK）和幅移键控（ASK）两种调制方式，以增强抗干扰能力；并且，调制幅度也可以调整，以适应各种不同的标签。

　　所述读写器 1 还可以包括置于所述平面式外壳 10 内的载波生成电路 14、调制信号生成电路 15，该载波生成电路 14 和调制信号生成电路 15 的输出端分别连接到所述调制电路 11 的输入端。所述载波生成电路 14 和调制信号生成电路 15 与所述调制电路 11 可拆装地连接。与上面介绍的类似，所述载波生成电路 14 和调制信号生成电路 15 中的元器件也可以可拆装地连接到各自的电路中。所述载波生成电路 14 可以包括振荡电路和分频电路，为本领域人员所供知。调制信号生成电路 15 可以由软件控制，以确定要写入的信息。

　　在上述非集成的实施方式的情况下，可以对发射接收电路 12（即发射器 121 和接收器 122）的参数（如功率）进行独立配置。例如，可以选取功率大于 1 瓦的发射器 121 和接收器 122，优选功率范围为 1 瓦至 10 瓦。一般采用功率为 1 瓦以上的器件时，读写距离可以达到 30 厘米以上，为现有高频读写器的 3 倍以上，采用功率为 4 瓦以上的器件时，读写距离可以达到 1 米以上。

　　由于本研究针对的是高频读写器，所以，所述发射器 121 和接收器 122 的工作频率的范围为 3 兆赫兹 ~30 兆赫兹，典型为 13.56 兆赫兹。

　　本研究提供的平面式高频读写器 1 中的各个电路均没有特别限定，可以采用本领域人员公知的能够实现其功能的各种电路，并且，所构成的阅读器可以读写所有符合

ISO15693 标准的射频标签。

此外，本研究提供的平面式高频读写器 1 还可以包括各种附加电路，如放大电路、滤波电路等，并可以通过软件对该读写器 1 发送和收到的信息进行编码和解码等。还可以包括各种接口，例如，网线接口，以与计算机通过网线连接，等等。这都是本领域普遍采用的公知技术，在此不再赘述。

本研究获得的高频阅读器获得了实用新型专利，专利号为：ZL 2009 2 0148790. 2

3.5 一种猪只胴体标识、数据采集及转换方法

3.5.1 技术领域

本技术涉及数据交换技术领域，特别是指一种猪只胴体标识、数据采集及转换方法。

3.5.2 背景技术

我国对动物产品质量的溯源体系首先源于农业部于 2002 年开始实施的动物免疫标识制度，继 2005 年《畜牧法》出台后，农业部颁布了《畜禽标识和养殖档案管理办法》，并从 2006 年 7 月 1 日开始实施。"管理办法"的实施，主要从构建动物疫病溯源体系着手，逐步建立禽产品质量安全溯源系统。农业部试点实施的"动物疫病溯源系统"主要采用二维条码识读技术对家禽个体进行标识，以 IC 卡作为动物检疫防疫流转数据载体，采用 GPRS 通信与 PDA 机读设备结合，与远程中央数据库进行数据传输与交换等。该计划主要解决了家畜在养殖环节如何建立电子养殖档案，及其活体在运输途中的监管与数据采集问题，而对于家畜如猪只在屠宰环节及其后的信息采集，因为分管部门变更等原因，从官方无论是农业部，还是商务部，目前未见官方制定的技术与规范出台。因此，探索包括屠宰环节在内的肉类中间产品直到终端产品的可靠标识技术、可靠数据采集等专利核心技术，是全面构建我国畜产品，尤其是猪肉产品的整个跟踪与溯源体系建设的重要内容。

随着我国生猪现代化屠宰模式的不断发展，生猪的屠宰过程管理方式必然要向现代信息型方式改变，终端产品进入超市的技术门槛会越来越严格，不具备可溯源的畜产品将不得进入消费市场只是迟早的问题。而产品进入超市后，如何将生猪肉的标签信息进行转换以方便超市进货流程，也是需要探讨的问题。

3.5.3 解决方案

有鉴于此，本技术的目的在于提出一种猪只胴体标识、数据采集及转换方法，实现了猪肉产品质量全程溯源。

基于上述目的本技术提供的一种猪只胴体标识、数据采集及转换方法，包括：

在生猪进入屠宰线上的入口处，用工业级条码扫描枪读取猪只去头摘下的耳标编码；

当猪只经过烫毛和劈分为二胴体后，立即按顺序在胴体上端挂钩处佩戴上胴体 RFID 电子标签；

RFID 天线配合 RFID 阅读器读取移动的胴体 RFID 电子标签信息，现场记录编码的

计算机上传到屠宰厂数据服务器数据库中；

当带有所述胴体 RFID 电子标签的猪只胴体进入超市分割销售时，由现场平板式 RFID 阅读器读取胴体 RFID 电子标签，通过 RS232 接口向条码打印机的 PS2 接口信号与数据的转换，变成条码打印机可直接打印的追溯码；

其中，所述 RS232 接口向条码打印机的 PS2 接口信号与数据的转换包括：

RFID 串口信号经 RS232 接口通过 MAX232 芯片将 EIA 电平信号转换为 TTL 电平信号；

通过 8051 主控芯片将所述 TTL 电平 RFID 串口信号转换为输入到 PS2 接口的信号；

将所述输入到 PS2 接口的信号输出到打印机。

在一些实施方式中，所述 RS232 接口与所述 MAX232 芯片的连接方法包括：

所述 RS232 接口的第四管脚连接到所述 MAX232 芯片的第十三引脚，所述 RS232 接口的第七管脚连接到所述 MAX232 芯片的第八引脚，所述 RS232 接口的第八管脚连接到所述 MAX232 芯片的第十四引脚。

在一些实施方式中，所述 MAX232 芯片的连接方法还包括：

所述 MAX232 芯片的第二引脚 2 与第十六引脚 16 之间连接第一电容，第一引脚与第三引脚之间连接第二电容，第四引脚与第五引脚之间连接第三电容，第十五引脚与第六引脚之间连接第四电容。

在一些实施方式中，所述第一电容至第四电容均为 1 微法拉。

在一些实施方式中，所述 MAX232 芯片与 8051 主控芯片的连接方法包括：

所述 MAX232 芯片的第十二引脚连接 8051 主控芯片的第六引脚，所述 MAX232 芯片的第九引脚则连接 8051 主控芯片的第八引脚。

在一些实施方式中，所述 8051 主控芯片的连接方法还包括：

所述 8051 主控芯片的第九引脚及第四十引脚均连接电源，第十八引脚与第十九引脚之间连接晶体振荡器，且第十八引脚经第二电解电容接地，第十九引脚经第一电解电容接地，第二十引脚也接地。

在一些实施方式中，将所述输入到 PS2 接口的信号输出到打印机时，所述打印机接收一个字节的具体连接步骤包括：

等待时钟线为高电平；

判断数据线是否为低，为高则错误退出，否则，继续执行；

读地址线上的数据内容，共 8 个 bit，每读完一个位，都应检测时钟线是否被 8051 主控芯片拉低，如果被拉低则要中止接收；

读地址线上的校验位内容，1 个 bit；

读停止位；

如果数据线上为 0（即还是低电平），PS2 设备继续产生时钟，直到接收到 1 且产生出错信号为止（因为停止位是 1，如果 PS2 设备没有读到停止位，则表明此次传输出错）；

输出应答位；

检测奇偶校验位，如果校验失败，则产生错误信号以表明此次传输出现错误；

延时 45 微秒，以便 8051 主控芯片进行下一次传输。

在一些实施方式中，所述读数据线的方法包括：

延时 20 微秒；

把时钟线拉低；

延时 40 微秒；

释放时钟线；

延时 20 微秒；

读数据线。

在一些实施方式中，所述发出应答位的方法包括：

延时 15 微秒；

把数据线拉低；

延时 5 微秒；

把时钟线拉低；

延时 40 微秒；

释放时钟线；

延时 5 微秒；

释放数据线。

从上面所述可以看出，本技术提供的一种猪只胴体标识、数据采集及转换方法，通过相关关联的软件、硬件（扫描枪、标签、阅读器、天线、触摸一体计算机与服务器等），最终实现了猪只个体标签向终端溯源条码标签的转换，以及屠宰过程中间产品的标识及检验检疫数据的采集与传输，实现了猪肉产品质量全程溯源（跟踪与追踪）。

通过相互关联的硬件设备、加上嵌入到设备中的续写模块，或者安装在计算机中的数据采集系统，以及屠宰厂后台数据服务器管理系统等支持，最终实现了生猪屠宰过程标准化、数字化管理与终端产品的可溯源监管，尤其实现标识的转换与衔接。

3.5.4 附图说明

图 3 – 5 – 1 为本技术实施例中屠宰厂猪只耳标读取与数据采集示意图；

图 3 – 5 – 2 为本技术实施例中屠宰厂胴体标签的识读与数据采集示意图；

图 3 – 5 – 3 为本技术实施例中胴体标签向终端分割溯源条码标签的转换示意图；

图 3 – 5 – 4 为本技术实施例中屠宰厂溯源数据管理系统设计构架示意图；

图 3 – 5 – 5 为本技术实施例中数据转换方法的流程图；

图 3 – 5 – 5a 为一种 RS232（DB9）接口的示意图；

图 3 – 5 – 5b 为本技术实施例中所提供的 MAX232 芯片示意图；

图 3 – 5 – 5c 为本技术实施例中数据转换方法的 RS232 接口通过 MAX232 芯片与 8051 主控芯片进行连接的电路示意图；

图 3 – 5 – 5d，为本技术实施例中所提供的 6 脚的 mini-DIN PS2 接口的示意图；

图 3 – 5 – 5e，为本技术实施例中所提供的 PS2 接口的数据发送/接收时序。

具体实施方式如下。

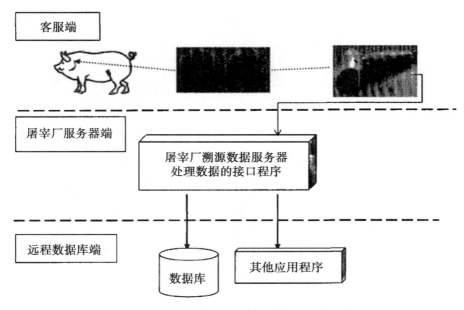

图 3 - 5 - 1   屠宰厂猪只耳标读取与数据采集示意图

图 3 - 5 - 2   屠宰厂胴体标签的识读与数据采集示意图

本技术一个实施例所提供的一种猪只胴体标识、数据采集及转换方法，硬件部分包

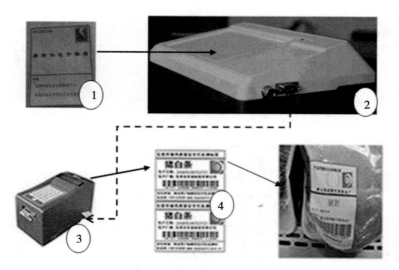

图 3 - 5 - 3　胴体标签向终端分割溯源条码标签的转换示意图

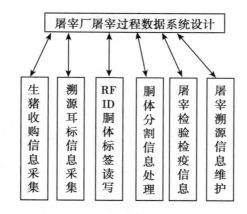

图 3 - 5 - 4　屠宰厂溯源数据管理系统设计构架示意图

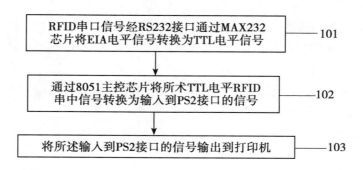

图 3 - 5 - 5　数据转换方法的流程图

括带有解码程序的猪只耳标的识读枪，识读进入屠宰线宰杀后的猪只耳标，用超高频

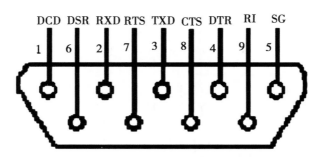

图 3 – 5 – 5a　一种 RS232（DB9）接口的示意图

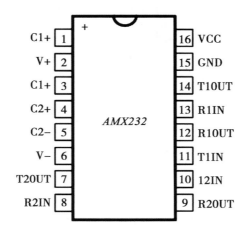

图 3 – 5 – 5b　采用的 MAX232 芯片示意图

RFID（频率 902MHz）电子标签对猪只劈分的胴体进行标识；在屠宰流水线上猪只劈分后的适当位置架设超高频 RFID 天线、RFID 阅读器和触摸一体机（带计算机系统），实现对流水线上的猪只胴体的无干扰识别；带有电子标签的猪只胴体进入终端销售的超市或专卖店后，通过现场 RFID 电子标签阅读器，阅读猪胴体（或叫猪白条）上佩戴的电子标签，读取的标签编码通过 RS232 通讯接口与 PS2 接口的链接，将电子标签信号转换到条码标签打印机的缓存区，通过嵌入到条码打印机的预制打印模型，最终输出带有溯源码的溯源标签。软件设计包括对二维条码的解码模块即识别模块，电子标签编码生产与管理模块，RFID 标签识别模块，屠宰检验检疫数据记录模块，屠宰数据溯源查询模块及屠宰溯源数据的传输模块等。每一个基本功能模块均采用三层结构体系，即数据库部分、客户端程序和服务器端程序。

所述猪只胴体标识、数据采集及转换方法的一个实施例的实现过程如下。

（1）屠宰线上对猪只耳标的识读

在猪屠宰厂流水线的去头工艺处，安放一台装有"屠宰厂耳标信息采集系统"的计算机终端和安装可识读农业部指定使用的猪只个体耳标的条码扫描枪，并且，通过局域网与屠宰厂屠宰溯源数据服务器连接。在屠宰开始前，打开计算机并启动耳标采集系

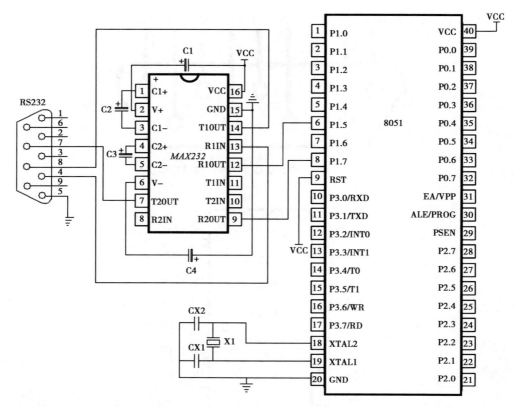

图 3 – 5 – 5c　RS232 接口通过 MAX232 芯片与 8051 主控芯片进行连接的电路示意图

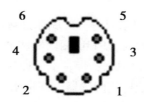

图 3 – 5 – 5d　采用的 6 脚 mini-DIN PS2 接口的示意图

统，调试好扫描枪。在猪屠宰过程中，工作人员在去头、剪下耳标的同时，用扫描枪读取耳标信息，通过计算机终端把耳标信息上传到屠宰溯源数据中心。在猪烫毛过程中，猪耳标时有脱落。为了不影响屠宰流水线的正常运行，最大限度保障溯源屠宰信息的完整性，耳标采集系统会产生替代耳标号码并传到屠宰溯源数据库。由于屠宰厂在收猪和屠宰过程中，都是以商品猪供货商为单位依次屠宰，因此，商品猪的来源或所述养殖场信息的准确性不会受到影响。

　　一般按一个商品猪场或者专业养殖户提供的批次猪只进行屠宰，当一个批次猪只宰杀后，通过耳标采集系统获得的猪耳标的系列号，现场存留在"屠宰厂耳标信息采集系统"中，待现场工作人员确定无误后，只需在系统提供的触摸一体机的触摸屏上，

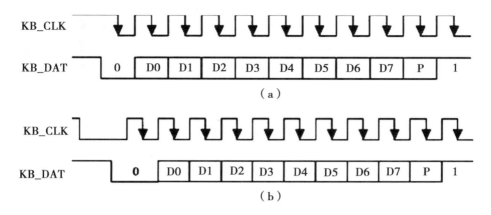

图 3 - 5 - 5e **PS2 接口的数据发送/接收时序**

触摸"数据提交"按钮,将猪只耳标识读数据上传到屠宰厂内部服务器指定的数据库中,上传成功后,保存到本机的数据库的数据可以清空。

(2)猪只胴体 RFID 标签编码管理

在屠宰厂,对 RFID 电子标签的编码写入与其在流水线上的识读是分开处理的。一般在屠宰厂办公室对需要使用的标签,先通过"猪只胴体 RFID 标签编码管理"产生当天需要使用的标签代码,通过确认批次、生产日期和顺序号,并结合屠宰厂的编号、所在地的行政区划代码,由计算机产生当天屠宰需要使用的系列胴体编码,并将产生的胴体号通过计算机与 RFID 读写器的协同工作,依次按顺序写入到标签的芯片中。已经写入的胴体号,通过内部网络,同样上传到内部服务器指定的数据库中保存,供其后的校对使用。

(3)猪只胴体标签的佩戴与在线识读

RFID 标签佩戴位置选择在猪胴体二分切割工艺处,安放一套"RFID 标签识别系统",包括超高频 RFID 读写器及天线,带计算机并接入屠宰厂局域网系统的触摸一体机。在屠宰开始前,先调整好阅读器天线的位置,准备好 RFID 胴体标签,然后打开计算机终端并启动"RFID 标签识别系统"。在屠宰过程中,将已经写入有当天批次编码的 RFID 标签,在猪白条通过切割机劈分为二分体后,用带齿扣的塑料长条将胴体标签固定到每片胴体上端的悬挂处,然后,戴有胴体标签的猪白条在流水线上先经过 RFID 自动识别系统进行识读,识别后的胴体再依次进入后续的检验工艺,接受质量检验与检疫。

由于在屠宰线上安装了自动识别的系统,因而在佩戴耳标时可以不考虑电子标签的编码顺序,否则,对现场操作人员带来麻烦。只要保证佩戴时不要漏挂并能依次识别,就不会出现差错。

当一个批次的猪只屠宰完后,依次识别的猪只胴体即二分体的号码的累积数理论上应该是屠宰猪只个体编码数的 2 倍。当猪只胴体的识别编码通过流水线上的计算机上传到屠宰厂服务器后,服务器将接收的胴体编码按顺序与接收来的猪只个体编码内部自动进行 2 对 1 关联。

一般在当天屠宰完成后，驻场官方兽医或质量监督员在屠宰数据中心检查猪耳标信息、胴体标签信息、胴体检验检疫信息等后，将屠宰溯源数据向远程猪肉产品溯源数据中心提交。在提交过程中，屠宰厂溯源数据中心会按照屠宰事件的数据规范，自动生成屠宰事件后上传到猪产品质量安全溯源数据中心。

（4）屠宰检验、检疫事件

经过屠宰线猪只耳标的识别、胴体标签佩戴与识别的数据采集，只是解决了从个体标识到屠宰中间产品标识的转换。在屠宰线上，还需要对每片胴体进行大约16道工序的检验，主要包括头部检验、胴体检验和内脏检验，也包括主要的寄生虫如旋毛虫的检验等。一般情况下，由现场检验人员对有异常的胴体记录下检验结果，非异常的不予记录。当一个批次检验完毕后，检验员将检验结果送给屠宰环节的信息处理员，也可能由检验员自身对比检验的结果，录入到屠宰环节的检验检疫数据库中。登陆有异常的信息，非异常的均视同正常而无须录入。一般情况下，有异常的猪只胴体需要作进一步的处理后出厂，甚至未经驻场官方兽医认可后不得出厂。

（5）猪只胴体电子标识向终端产品条码标识的转换

带有电子标识的猪白条（或胴体）进入超市后，胴体电子标签经一种平面式易于操作的超高频RFID阅读器识读，识读的标签数据经RS232接口转PS2数据线，输出到分割标签打印机内存中，而嵌入有标签打印模块，以及为不同部位猪肉设计的快捷打印模块的一维条码打印机，可以直接从缓存调用胴体标签编码，打印带此编码的产品终端分割溯源码，由此实现了猪只胴体电子标识向终端产品条码标识的转换。

进一步的，参照附图3-5-3，为所述实施例中数据转换方法的流程图，所述猪只胴体电子标识向终端产品条码标识的转换具体包括以下步骤。

步骤101：RFID串口信号经RS232接口通过MAX232芯片将EIA电平信号转换为TTL电平信号；

步骤102：通过8051主控芯片将所述TTL电平RFID串口信号转换为输入到PS2接口的信号；

步骤103：将所述输入到PS2接口的信号输出到打印机。

下面举例说明所述数据转换方法实施例的具体流程。

RS232接口：

（1）定义：

RS-232C标准（协议）的全称是EIA-RS-232C标准，其中，EIA（Electronic Industry Association）代表美国电子工业协会，RS（recommended standard）代表推荐标准，232是标识号，C代表RS232的最新一次修改（1969），在这之前，有RS232B、RS232A。它规定连接电缆和机械、电气特性、信号功能及传送过程。常用物理标准还有EIA-RS-422A、EIA-RS-423A、EIA-RS-485。这里仅涉及EIA-RS-232C（简称232，RS232）；例如，目前在IBM PC机上的COM1、COM2接口，就是RS-232C接口。

（2）EIA-RS-232C的电气特性：

EIA-RS-232C对电气特性、逻辑电平和各种信号线功能都作了规定；参照附图3-5-5a，为一种RS232（DB9）接口的示意图，其中，上排管脚从左到右分别为：

第一管脚 1-DCD（载波检测）、第二管脚 2-RXD（接收数据）、第三管脚 3-TXD（发送数据）、第四管脚 4-DTR（数据终端准备好）、第五管脚 5-SG（信号地），下排管脚从左到右分别为：第六管脚 6-DSR（数据准备好）、第七管脚 7-RTS（请求发送）、第八管脚 8-CTS（允许发送）、第九管脚 9-RI（振铃提示）。

在所述第二管脚 TXD 和第三管脚 RXD 上：

逻辑 1（MARK）＝ −15 ~ −3 伏

逻辑 0（SPACE）＝ +3 ~ +15 伏

在所述第七管脚 RTS、第八管脚 CTS、第六管脚 DSR、第四管脚 DTR 和第一管脚 DCD 等控制线管脚上：

信号有效（接通，ON 状态，正电压）＝ +3 ~ +15 伏；

信号无效（断开，OFF 状态，负电压）＝ −15 ~ −3 伏 。

以上规定说明了 RS-232C 标准对逻辑电平的定义。对于数据（信息码）：逻辑"1"（传号）的电平低于 −3 伏，逻辑"0"（空号）的电平高于 +3 伏；对于控制信号；接通状态（ON）即信号有效的电平高于 +3 伏，断开状态（OFF）即信号无效的电平低于 −3 伏，也就是当传输电平的绝对值大于 3 伏时，电路可以有效地检查出来，介于 −3 ~ +3 伏之间的电压无意义，低于 −15 伏或高于 +15 伏的电压也认为无意义，因此，实际工作时，应保证电平在 ±（3 ~15）伏之间。

因此，根据 RS-232 接口的特性，即：EIA 电平是用正负电压来表示逻辑状态，与 TTL 电平以高低电平表示逻辑状态的规定不同。因此，为了能够同计算机接口或终端的 TTL 器件连接，需在 EIA RS-232C 与 TTL 电路之间进行电平和逻辑关系的变换。实现这种变换的方法可用分立元件，也可用集成电路芯片，本实施例中采用的则是 MAX232 芯片。

参照附图 3 − 5 − 5b，为本技术实施例中所提供的 MAX232 芯片示意图。

所述 MAX232 芯片包括 3 个部分。

第一部分包括第一引脚 1 ~ 第六引脚 6，为电荷泵电路，功能是产生 +12 伏和 −12 伏两个电源，提供给 RS-232 串口电平的需要。

第二部分包括第七引脚 7 ~ 第十四引脚 14，构成两个数据通道。其中第十三引脚 13（R1IN）、第十二引脚 12（R1OUT）、第十一引脚 11（T1IN）、第十四引脚 14（T1OUT）为第一数据通道；第八引脚 8（R2IN）、第九引脚 9（R2OUT）、第十引脚 10（T2IN）、第七引脚 7（T2OUT）为第二数据通道。TTL/CMOS 数据从第十一引脚 11（T1IN）、第十引脚 10（T2IN）输入转换成 RS-232 数据从第十四引脚 14（T1OUT）、第七引脚 7（T2OUT）送到 RS232（DB9）接口；RS232（DB9）接口的 EIA 数据从第十三引脚 13（R1IN）、第八引脚 8（R2IN）输入转换成 TTL/CMOS 数据后从第十二引脚 12（R1OUT）、第九引脚 9（R2OUT）输出。由此可见，MAX232 芯片可完成 TTL←→ EIA 双向电平转换。

第三部分包括第十五引脚 15（GND）和第十六引脚 16（VCC），用于为芯片供电。

参照附图 3 − 5 − 5c，为本技术实施例中数据转换方法的 RS232 接口通过 MAX232 芯片与 8051 主控芯片进行连接的电路示意图；其中，左半部分电路即为所述 MAX232

芯片将 EIA 电平信号转换为 TTL 电平信号的电路图。

所述 RS232 接口的第四管脚 4（DTR）连接到所述 MAX232 芯片的第十三引脚 13（R1IN），所述 RS232 接口的第七管脚 7（RTS）连接到所述 MAX232 芯片的第八引脚 8（R2IN），所述 RS232 接口的第八管脚 8（CTS）连接到所述 MAX232 芯片的第十四引脚 14（T1OUT）；所述 MAX232 芯片的第二引脚 2（V＋）与第十六引脚 16（VCC）之间连接第一电容 C1，第一引脚 1（C1＋）与第三引脚 3（C1-）之间连接第二电容 C2，第四引脚 4（C2＋）与第五引脚 5（C2-）之间连接第三电容 C3，第十五引脚 15（GND）与第六引脚 6（V-）之间连接第四电容 C4；优选的，所述第一电容 C1 至第四电容 C4 均为 1μF；所述 MAX232 芯片的第十二引脚 12（R1OUT）则连接 8051 主控芯片的第六引脚 6（P1.5），所述 MAX232 芯片的第九引脚 9（R2OUT）则连接 8051 主控芯片的第八引脚 8（P1.7），参照附图 3－5－5c 的右半部分。

可以看出，当所述 EIA 电平信号从第十三引脚 13（R1IN）和输入第八引脚 8（R2IN）时，从输出第十二引脚 12（R1OUT）和第九引脚 9（R2OUT）则得到 TTL 电平信号。

参照附图 3－5－5c，为本技术实施例中数据转换方法的 RS232 接口通过 MAX232 芯片与 8051 主控芯片进行连接的电路示意图；其中，右半部分为所述 8051 主控芯片将所述 TTL 电平信号转换为输入 PS2 接口的信号的电路图。

所述 8051 主控芯片的第九引脚 9（RST）及第四十引脚 40（VCC）均连接电源 VCC，第十八引脚 18（XTAL2）与第十九引脚 19（XTAL1）之间连接晶体振荡器 X1，且第十八引脚 18（XTAL2）经第二电解电容 CX2 接地，第十九引脚 19（XTAL2）经第一电解电容 CX1 接地，第二十引脚 20（GND）也接地。所述晶体振荡器 X1、第一电解电容 CX1 及第二电解电容 CX2 共同构成 8051 主控芯片的时钟信号源。

可以看出，当所述 TTL 电平信号从 MAX232 芯片的第十二引脚 12（R1OUT）和第九引脚 9（R2OUT）分别输入到 8051 主控芯片的第六引脚 6（P1.5）和第八引脚 8（P1.7）时，经过对 8051 主控芯片进行相应编程处理，串行信号即可从所述 8051 主控芯片的任意其他输入/输出引脚（如引脚 P2.0～引脚 P2.7）输出信号到 PS2 接口的第一管脚 1（DATA），参照附图 3－5－5d。然后通过 PS2 接口连接到打印机。

PS2 接口：

PS2 接口用于许多现代的鼠标和键盘，由 IBM 最初开发和使用。物理上的 PS2 接口有两种类型的连接器：5 脚的 DIN 和 6 脚的 mini-DIN。

（1）电气特性

附图 3－5－5d，为本技术实施例中所提供的 6 脚的 mini-DIN PS2 接口的示意图。

第一管脚 1（DATA）-数据，第二管脚 2（n/c）-未实现/保留，第三管脚 3（GND）-电源地，第四管脚 4（VCC）－电源＋5 伏，第五管脚 5（CLK）-时钟，第六管脚 6（n/c）-未实现/保留。

（2）数据格式

包括：

1 个起始位——总是逻辑 0；

8 个数据位——（LSB）低位在前；

1 个奇偶校验位——奇校验；

1 个停止位——总是逻辑 1；

1 个应答位——仅用在主机对设备的通讯中。

如果数据位中 1 的个数为偶数，校验位就为 1；如果数据位中 1 的个数为奇数，校验位就为 0；总之，数据位中 1 的个数加上校验位中 1 的个数总为奇数，因此，总进行奇校验。

PS2 设备（本实施例中为带 PS2 接口的打印机）：

PS2 设备的时钟线 CLOCK 和时钟线 DATA 都是集电极开路的，平时都是高电平。当 PS2 设备等待发送数据时，它首先检查时钟线 CLOCK 是否为高。如果为低，则认为主机抑制了通讯，此时它缓冲数据直到获得总线的控制权。如果时钟线 CLOCK 为高电平，PS2 设备则开始向主机发送数据。

一般都是由 PS2 设备产生时钟信号，发送按帧格式，数据位在时钟线 CLOCK 为高电平时准备好，在时钟线 CLOCK 下降沿被 PC 读入。

数据从 PS2 设备发送到主机或从主机发送到 PS2 设备，时钟都是 PS2 设备产生，主机对时钟控制有优先权，即主机想发送控制指令给 PS2 设备时，可以拉低时钟线至少 100 微秒，然后再下拉数据线，最后释放时钟线为高。PS2 设备的时钟线和数据线都是集电极开路的，容易实现拉低电平。

PC 在时钟的下降沿读取数据。

（3）数据发送/接收时序

参照附图 3 - 5 - 5e，为本技术实施例中所提供的 PS2 设备的数据发送/接收时序。

其中，（a）时序为 PS2 设备的发送时序；（b）时序为 PS2 设备的接收时序。

由于 PS2 设备能提供串行同步时钟，因此，如果主机发送数据，则主机要先把时钟线和数据线置为请求发送的状态。主机通过下拉时钟线大于 100 微秒来抑制通讯，并且，通过下拉数据线发出请求发送数据的信号，然后释放时钟。当 PS2 设备检测到需要接收的数据时，它会产生时钟信号并记录下面 8 个数据位和一个停止位。主机此时在时钟线变为低时准备数据到数据线，并在时钟上升沿锁存数据。而 PS2 设备则要配合主机才能读到准确的数据。

因此，PS2 设备（即打印机）接收一个字节的具体连接步骤如下。

步骤 201：等待时钟线为高电平；

步骤 202：判断数据线是否为低，为高则错误退出，否则，继续执行；

步骤 203：读地址线上的数据内容，共 8 个 bit，每读完一个位，都应检测时钟线是否被 8051 主控芯片拉低，如果被拉低则要中止接收；

步骤 204：读地址线上的校验位内容，1 个 bit；

步骤 205：读停止位；

步骤 206：如果数据线上为 0（即还是低电平），PS2 设备继续产生时钟，直到接收到 1 且产生出错信号为止（因为停止位是 1，如果 PS2 设备没有读到停止位，则表明此次传输出错）；

步骤 207：输出应答位；

步骤 208：检测奇偶校验位，如果校验失败，则产生错误信号以表明此次传输出现错误；

步骤 209：延时 45 微秒，以便 8051 主控芯片进行下一次传输。

读数据线的步骤如下：

步骤 301：延时 20 微秒；

步骤 302：把时钟线拉低；

步骤 303：延时 40 微秒；

步骤 304：释放时钟线；

步骤 305：延时 20 微秒；

步骤 306：读数据线。

发出应答位的方法包括下述步骤：

步骤 401：延时 15 微秒；

步骤 402：把数据线拉低；

步骤 403：延时 5 微秒；

步骤 404：把时钟线拉低；

步骤 405：延时 40 微秒；

步骤 406：释放时钟线；

步骤 407：延时 5 微秒；

步骤 408：释放数据线。

随后根据上述步骤，PS2 设备，本实施例中即打印机，即根据所读取的数据进行相应的条码打印，最终实现整个标签的转换与条码的打印的步骤。

标签的转换与条码的打印是在无须计算机系统的支持下完成的，简化了技术，方便了销售现场的干预与操作，具有经济适用性与可操作性。此外，通过打印机上的快捷打印模块，可在同一溯源码上，分别打印猪肉类型为瘦肉、汤骨、腔骨、带皮五花肉、带皮前肩肉、带皮后臀尖、精瘦肉、梅肉、猪肘、西排、大排、肋排 12 类的有区别的溯源标签。只有当 RFID 阅读器重新读取另一胴体标识后，才开始打印其他溯源码的条码标签。

需要特别指出的是，虽然上述实施例中采用的是 MAX232 芯片进行数据转换，并采用 8051 主控芯片进行数据处理，本领域技术人员可以很容易据此想到采用其他的类似的芯片进行替换使用，这些变化范围也应当属于本技术的保护范畴，同时，上述实施例所采用的芯片也不应当用于限定本技术的保护范围。

通过以上相关关联的软件、硬件（扫描枪、标签、阅读器、天线、触摸一体计算机与服务器等），最终实现了猪只个体标签向终端溯源条码标签的转换，以及屠宰过程中间产品的标识及检验检疫数据的采集与传输，实现了猪肉产品质量全程溯源（跟踪与追踪）。

上述方法已经在天津市、山东省东营市、河北省石家庄市等地的 5 家生猪屠宰企业使用，分别用来建立天津市、东营市和河北省猪肉质量安全溯源网络平台中的屠宰环节的溯源数据系统的建立。使用后，屠宰厂技术人员或者驻场的官方兽医反映，利用这种超高频 RFID 的标识方案，配合前端的耳标识读、现场采集数据与可靠传输数据，具有对环境适应性强、技术稳定、防冲突性好、无须人工干预等特点，适合一线技术员使用，免去了手工记录的不标准化和用其他方法易出现差错和识读不出来的现实问题。

上述实施例中，基于物联网核心技术——RFID 技术的数据"感知"系统及配套的软件设计以实现生猪屠宰厂信息采集的现代化与数据管理信息化为目标。随着超高频 RFID 技术及其产品（标签、阅读器与天线等）的不断升级，特别是相应的产品价格随着应用面的增加而不断下降的趋势，以及畜产品质量溯源将从研究阶段转入到市场所需的建议或者强制阶段，而且，对冷链环节溯源的要求受关注后，本技术方法拓展应用的场合、应用的效果，主要包括采集数据的效率、可靠性与时效性等会得到改善。本系统不仅用于对猪只胴体的标识与识别，建立屠宰环节的溯源安全数据档案，更重要的是通过该系统的运行，实现了生猪养殖过程与终端产品销售过程的连接。

本技术为一种猪只胴体标识、数据采集及转换方法，包括。

（1）胴体标识与识读系统的基本框架

组成系统的基本框架如下：屠宰车间白条猪分割现场，超高频 RFID 天线置于屠宰流水线上胴体经过之处，用钢管支立起来，以不妨碍流水作业为宜；超高频 RFID 读写器，能够读写符合 ISO-18000-6C/EPC CLASS1G2 标准的"电子标签"，读写器采用铝合金外壳，安装于屠宰厂内部机柜防护箱内，工作频率同天线，读写器通过 RS232 通信接口，将经阅读的标签信息传输到后续介绍的屠宰厂信息管理系统中，以与胴体对应的相关信息建立关联；经由天线和阅读器配合工作阅读的胴体电子标签的内部信息，通过内部局域网上传到屠宰厂数据服务器系统中，由此完成对胴体标签的无干扰识别、解析、传输与记录。

（2）设计软件的基本功能模块

①核心模块

a）胴体电子标签的读写模块：该模块在 VB6.0 环境下编写的，能够向高频 RFID 标签（频率 902 兆赫兹）的 RPC 区写入 20 位胴体编码数字，并在其用户区可写入其他信息，如屠宰厂的主体信息等。20 位胴体编码的规则为：前 6 位为行政区划代码，第 7～8 位为屠宰厂在所属县级行政区划内指定的屠宰厂顺序号，随后 8 位为屠宰日期（yyyymmdd），最后 4 位为屠宰厂本批次的顺序号，每批次最大标识数为 9999，一般能满足较大规模的屠宰猪只数量要求。

b）胴体标签的移动识别模块：该模块也是在 VB6.0 环境下编写的，安装在屠宰流水作业线上的 RFID 阅读器上工作，通过天线激活和接受来自电子标签（射频卡）发出的载波信息，经调节器送到阅读器进行解调和解码，解码即读取的胴体编码信息通过 RS232 信号线送"现场胴体标签编码采集系统"保存。

c）屠宰检验检疫数据记录模块：该模块对屠宰厂不同平层的猪只耳标号、对应的屠宰胴体编码，以及上述猪只个体或者胴体再屠宰线上通过检验员，经过头部检验、胴体检验和内部检验，涉及大约 16 个小项的检验检验后获得的定量或定性结果，进行记录与管理。当经过检验检疫的猪只胴体出厂后，其对应的检验、检疫数据一并提供 Internet 提交到远程溯源中央数据库中。

d）胴体电子标识向终端产品条码标识的转换模块：该模块是嵌入到超市用 RFID 阅读器中，通过该嵌入模块，可以将阅读器解调和解码后的电子标签编码的电信号转换为通过 PS2 接口与阅读器连接的条码打印机（型号：LP1-2B108EP3）的缓存区可以识别的数字信号。

e）终端产品溯源标签的打印模块：该模块是利用条码打印机自带的编程环境与指定语言规则，在无条码工具软件的环境下编写的并带有 logo 图形的标签打印模块，并与打印机上的快捷键结合，可以派生打印出满足不同目的的一维标签来。标签模块是在与打印机连接的计算机上编写与调试获得的。调试好的模块一旦上传到条码打印机自带的内存中，条码打印机就可调用预制的打印模块工作，而无须计算机的支持。快捷、方便、操作简单。

②数据传输模块

屠宰环节溯源数据传输模块：当猪只胴体经过官方兽医的检验检疫后，一旦出场送入超市或农贸市场，记录有猪只胴体屠宰标识与检验信息的数据，通过驻场官方兽医或者官方兽医授权的厂方技术员，在通过密码认证后，将屠宰环节的溯源数据通过 Internet 有线上传到远程猪肉质量溯源中央数据库中，并与来自养殖环节的这些猪只对应的养殖过程记录的事件数据建立关联。

③猪只耳标识读模块（附加模块，屠宰开始需要的模块）

该模块嵌入到屠宰厂猪只去头和摘掉耳标时读取耳标编码的工业级扫描枪内存中，它带有能识别农业部指定使用的猪只二维耳标的解密模块及解密用的数据库。解密后的猪只编码为 15 位全国唯一的猪只编码，第 1 位为畜禽类别码，猪为"1"，第 2 位至第 7 位（共 6 位）为猪场或养殖户所在地的县（县级市）的行政区划代码，代码服从 GB/T 2260—2008 国家标准，最后 8 位为个体顺序号。

（3）支持的硬件与安装

胴体电子标签的识别系统

a. 基本的硬件组成

①猪只胴体电子耳标：超高频 RFID 标签芯片为 ALN-9634 2 ×2 Inlay，其工作频率为 902 兆赫兹，EPC 内存容量为 96bits，用户区可记录 64 个字符或者 32 个汉字，隔热膜为 3M 隔热膜材料。考虑屠宰厂流水作业线上环境比较恶劣，使用的标签包装材质具有防水、防潮功能，且不影响标签的快速读写。

②猪只耳标识别扫描枪：具有防水、防潮工业级扫描枪，内带解码模块和解码用数据库，扫描枪的信息连接线长 5 米，并与接收流水线上耳标识读数据的触摸一体计算机连接。

③天线：超高频 RFID 天线，频率范围 902 ~ 908 兆赫兹，适合的标签标准：ISO18000-6B、EPC Class1、EPC Class 1GEN 2；接口：RS232；模式：触发模式；距离：ISO-6B 读取距离 >7 ~ 10 米，EPC Gen2 读取距离 >5 ~ 7 米，写卡距离为读卡的 70%（依天线性能而定，根据不同尺寸的标签情况定）；防冲突：标签二进制树型防冲突机制，一次成批读卡 30 ~ 50 张；尺寸大小 450 毫米 ×450 毫米 ×55 毫米，可置于屠宰流

水线上胴体经过之处，用钢管支立起来，以不妨碍流水作业为宜。

④RFID 阅读器：超高频 RFID 读写器，能够读写符合 ISO-18000-6B/EPCCLASS1 GEN 2 标准的"电子标签"。读写器采用铝合金外壳，安装于屠宰厂内部机柜防护箱内，工作频率范围 902～928MHz，有效读取距离≥5 米，写入距离≥3 米，每 bit 读写时间分别为 6 微秒和 50 微秒，尺寸大小为 280 毫米×165 毫米×37 毫米。读写器通过 RS-232 通信接口，将经阅读的标签信息传输到后续介绍的屠宰厂信息管理系统中。

⑤平板式超高频 RFID 读写器：与（4）描述的 RFID 阅读器基本一样，但读写器的外形与（4）所述的有别。此外，重要的是，在该阅读器连接的条码打印机的缓存区可以识别的数字信号的转换模块。

⑥带触摸屏和防水防潮保护装置的计算机系统：分别用来接收通过扫描枪读取的猪只耳标的数据和通过 RFID 天线识别系统识别的胴体标签的识读数据。触摸屏为五线电阻触摸屏，可以适应各种高负荷应用下的准确、可靠、快速的触摸操作；五线电阻触摸屏，完全密封处理，彻底防水、防尘、防污染，符合 NEMA4 和 IP65 密封标准采用屏蔽铜缆和出 PIN 点焊工艺，具有防刮涂层和 3 500 次以上的超长稳定的使用寿命。

⑦终端产品用条码打印机：选用 Aclas LPX1 条码打印机，规格 2B108EP3，无须与计算机连接，通过自带的条码设计软件就能打印出一维条码，打印条码的尺寸 30 毫米×30 毫米～40 毫米×60 毫米，还提供 36 个打印快捷键，并通过 PS2 接口与 RS232 连接，接受来自 RFID 阅读器识别的编码。

b. 通过超高频 RFID 电子标签：采用 ALN-96342×2Inlay 芯片，自己包装塑封生产的、具有防水、防潮的胴体标签，猪白条劈分后悬挂在胴体上；

①超高频 RFID 天线：将天线固定在钢管上，立于屠宰流水线上的一侧，天线下端的信号线通过保护的套管，与同时部署在天线附近于屠宰线另一侧的 RFID 阅读器的 RS232 通信接口连接。

②超高频 RFID 识别器：将超高频 RFID 阅读器对着 RFID 天线，布置在屠宰流水线上的另一侧，其 RS232 接口通过串口线与天线的 RS232 接口连接；

③带计算机系统的触摸一体机：具有防水、防潮的触摸一体机布置在屠宰流水线上适当地方，如果作业空间允许，最好搭建一个由铝合金及玻璃组成的小工作室，将触摸一体机置于其中，其计算机的串口也通过信息线与超高频 RFID 阅读器的另一 RS232 输出口连接。此外，触摸一体机，通过网线与屠宰厂内部的数据服务器连接。

完成任务的步骤包括：

——启动记录猪只耳标的，在屠宰开始处的触摸一体机计算机系统至工作界面，用工业级条码扫描枪对准在屠宰线上依次去头摘下的猪只耳标，读取的耳标编码通过与扫描枪连接的计算机进行管理。在一个批次屠宰完成后，耳标编码上传到屠宰厂服务器相应数据库中；

——当猪只通过烫毛和劈分后，给劈分后的猪只胴体（一般为二分体）依次佩戴上超高频 RFID 标签；

——给超高频 RFID 天线和阅读器供电，并启动与之连接的触摸一体机计算机系统至电子标签的数据采集界面，当胴体依次经过 RFID 天线系统能够"感知"的空间时，识读经过的胴体标签编码并送入编码到计算机采集系统进行管理；

——对屠宰线的猪只胴体进行质量检验，包括胴体检验、内脏检验及各种寄生虫的检验。对检验异常的结果由人工按胴体编码录入计算机系统，其他正常的胴体（最大量）的信息，内部均设定为检验合格；

——经过检验合格的猪只胴体出场进入后续的超市或农贸市场时，这些胴体编码及与之对应的猪只个体编码信息，及其检验检疫数据等一并通过官方兽医或授权的技术人员由 Internet 上传到远程溯源中央数据库中，与前端的养殖环节的数据及后续的分割溯源标签信息建立内联；

——带电子标签的胴体进入销售终端市场后，通过另一平面式超高频 RFID 阅读器读取胴体标签的编码，读取的编码通过 RS232 接口的连接，送入条码打印机的缓存区，用于条码的现场打印而无须计算机的支持。

系统相关软件的安装对系统软、硬件的要求是：

① 屠宰厂数据服务器安装 Windows Server 2003 系统；

② 数据库系统：Microsoft SQL Server 2005；

③ 支持阅读器读写模块运行的工具：Microsoft Visual Basic 6.0；

④ 屠宰厂的服务器为一般的服务器即可，也可采用其他适用于此的服务器等；

⑤ 触摸一体机系统的计算机为普通 PC 机即可，也可采用其他适用于此的计算机。

通过上述相互关联的硬件设备、加上嵌入到设备中的续写模块，或者安装在计算机中的数据采集系统，以及屠宰厂后台数据服务器管理系统等支持，最终实现了生猪屠宰过程标准化、数字化管理与终端产品的可溯源监管，尤其实现标识的转换与衔接。

本技术申请了发明专利保护：申请号为：2014 1 0164365. X

3.6　一种畜产品溯源打码装置

3.6.1　技术领域

本技术涉及畜产品溯源，特别是指一种畜产品溯源打码装置。

3.6.2　背景技术

畜产品溯源是指农业生产的应用中，对于生产过程的记录已经成为很多厂家证明自身品质的一种方式。通过记录下农产品生产的每个环节，生产商可以实现问题追溯和责任到人的管理方式。

目前，对生产过程的记录大都采用文字记录或者拍照记录的方式。这种记录方式的缺点是：一方面文字和拍照记录的方式不可靠，有作假的可能性；另一方面这两种记录的方式不够全面，一些可能有用的信息会被漏掉。

另外，用于打码的机器通常固定摆放在厂房中，而且，电脑和打印设备分离，需要多人分步进行处理。

3.6.3　解决方案

有鉴于此，本技术的目的在于提出一种畜产品溯源打码装置，能够实现实时数据库中的信息打码一体化，克服现有技术中的不足。

基于上述目的本技术提供的一种畜产品溯源打码装置，包括：显示屏幕、主机、标签打印机、打印纸更换器、打印条码出口、滑动轨道、滑动机构、底座、第一侧板、第二侧板和滑轮；

所述第二侧板设置在所述底座顶部上，所述第一侧板通过所述第二侧板与所述底座连接，所述底座底部设置滑轮；所述第二侧板与所述第一侧板的锐角夹角侧为打码装置内侧，钝角夹角侧为打码装置外侧，所述第一侧板上设置第一开口，所述显示屏幕设置在所述第一开口内；所述第二侧板设置打印条码出口，所述打印条码出口设置在所述打码装置外侧；

所述主机和所述标签打印机设置在所述打码装置内侧，所述主机与所述显示屏幕连接，所述主机与所述标签打印机连接，所述标签打印机与所述打印纸更换器连接，所述打印纸更换器设置在所述主机和标签打印机的上端，所述标签打印机与所述打印条码出口连接，通过所述显示屏幕将畜产品溯源信息传递到主机，主机将需要打印的信息传给所述标签打印机，所述标签打印机通过所述打印条码出口打印出条码；所述打印纸更换器与所述标签打印机连接，所述打印纸更换器设置在所述滑动机构上，所述滑动机构设置在所述滑动轨道内，所述打印纸更换器通过所述滑动机构在所述滑动轨道上拉出或推进到所述打码装置内侧。

在一些实施例中，与左盖板和右盖板连接，所述左盖板与所述右盖板设置在所述底座顶部，所述左盖板设置在所述右盖板的正对面，并与所述第一侧板和第二侧板组成所述打码装置内侧的空间。

在一些实施例中，还包括后盖板，所述后盖板与所述左盖板、右盖板、第一侧板以及第二侧板组成一个密封的空间，所述后盖板的上半部设置活动后盖门，所述活动后盖门的高度不小于所述打印纸更换器的高度，打开所述活动后盖门将所述打印纸更换器通过所述滑动机构在所述滑动轨道上拉出后盖门。

在一些实施例中，所述第二侧板设置进纸位置按钮区，所述进纸位置按钮区设置在显示屏幕的下方位于所述打码装置外侧，所述进纸位置按钮区与所述标签打印机连接，选择所述，进纸位置按钮区的进纸位置调整所述标签打印机进纸位置。

在一些实施例中，所述左盖板、右盖板和后盖板设置多个通风通道，所述通风通道包括两个通风板和多个散热薄片，所述散热薄片相对于所述通风板倾斜设置，所述通风板相互平行设置。

在一些实施例中，所述显示屏幕为可触控显示屏幕，与主机上的显示接口连接；所述主机上的数据库单元与所述标签打印机连接；所述主机设置有线或无线网卡接口。

在一些实施例中，所述打印纸更换器包括打印纸更换口和打印纸存放盒，所述打印纸存放盒设置在所述滑动机构上，所述打印纸更换口的朝向为所述滑动轨道拉出所述打码装置内侧的拉出方向。

在一些实施例中，所述滑轮与滑轮卡合开关连接，所述滑轮卡合开关设置在所述底座底部和所述滑轮之间，当滑轮卡合开关打开，滑轮滚动，当滑轮卡合开关闭合，滑轮卡合固定。

在一些实施例中，所述滑轮卡合开关包括固定机构、弹簧和活动机构，所述弹簧套接在所述固定机构中且顶端与所述活动机构连接，所述活动机构通过所述弹簧一端固定在固定机构上且另一端可绕所述固定机构轴向转动。

从上面所述可以看出，本技术提供的畜产品溯源打码装置，由于底座底部设置滑轮，可以在车间放置时方便移动调换位置；由于所述主机和所述标签打印机设置在所述打码装置内侧，可以通过主机和标签打印机一体化的设计实现实时数据库中的信息打码一体化；由于所述打印纸更换器设置在所述滑动机构上，所述滑动机构设置在所述滑动轨道内，可以方便所述打印纸更换器通过所述滑动机构在所述滑动轨道上拉出或推进到所述打码装置内侧，更换打印纸时操作人员可直接站着进行换纸，无须弯腰或者蹲下，使操作更加方便快捷。

3.6.4 附图说明

图 3-6-1 为本技术实施例中畜产品溯源打码装置正面示意图。
图 3-6-2 为本技术实施例中畜产品溯源打码装置左侧示意图 3-6-1。
图 3-6-3 为本技术实施例中畜产品溯源打码装置后侧示意图。
图 3-6-4 为本技术实施例中畜产品溯源打码装置左侧示意图 3-6-2。

图 3-6-5 为本技术实施例中畜产品溯源打码装置右侧示意图。

图 3-6-6 为本技术实施例中畜产品溯源打码装置滑轮示意图。

具体实施方式如下。

图 3-6-1 至图 3-6-5，本实施例中的畜产品溯源打码装置，包括：显示屏幕 1、主机 11、标签打印机 10、打印纸更换器 7、打印条码出口 2、滑动轨道 8、滑动机构 9、底座 4、第一侧板 5、第二侧板 6 和滑轮 3；所述第二侧板 6 设置在所述底座 4 顶部上，所述第一侧板 5 通过所述第二侧板 6 与所述底座 4 连接，用于组成一个最简单的打码装置操作平台。所述底座 4 底部设置滑轮 3，通过设置滑轮 3 能够将畜产品溯源打码装置在车间中任意移动到需要的位置。所述第二侧板 6 与所述第一侧板 5 的锐角夹角侧为打码装置内侧，第一侧板 5 和第二侧板 6 形成的锐角结构可以作为打码装置内侧放置主机 11、标签打印机 10 等设备。钝角夹角侧为打码装置外侧，第一侧板 5 通过第二侧板 6 提供更好的支撑。所述第一侧板 5 上设置第一开口，所述显示屏幕 1 设置在所述第一开口内；所述第二侧板 6 设置打印条码出口 2，所述打印条码出口 2 设置在所述打码装置外侧；显示屏幕 1 可以提供操作人员选择畜产品种类、重量、营养成分等选择信息，打印条码出口 2 用以直接提供打印条码，操作人员在拿到打印条码后可以直接粘贴到畜产

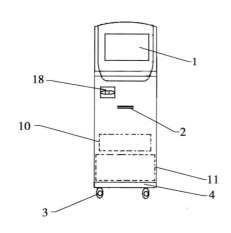

图 3-6-1　畜产品溯源打码装置
正面示意图
1—显示屏幕　2—打印条码出口　3—滑轮
4—底座　10—标签打印机　11—主机
18—按钮区

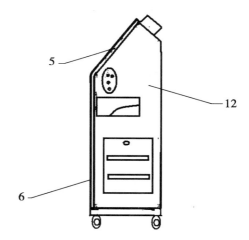

图 3-6-2　畜产品溯源打码装置
左侧示意图
5—第一侧板　6—第二侧板　12—左盖板

品上。所述主机 11 和所述标签打印机 10 设置在所述打码装置内侧，主机 11 和标签打印机 10 的一体化设计能够节约空间，便于后续的一系列操作。所述主机 11 与所述显示屏幕 1 连接，用于显示主机 11 数据中储存的畜产品的产品信息。所述主机 11 与所述标签打印机 10 连接，用于直接调用标签打印机 10 进行打印。所述标签打印机 10 与所述打印纸更换器 7 连接，用于及时更换标签打印机 10 中的打印纸。所述打印纸更换器 7 设置在所述主机 11 和标签打印机 10 的上端，为了方便打印纸更换器 7 滑动出打码装置

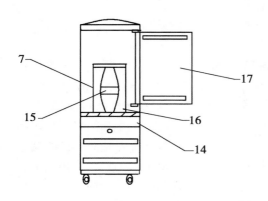

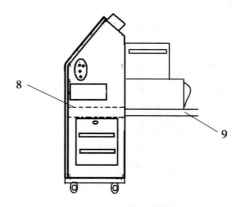

图 3 – 6 – 3　畜产品溯源打码装置
后侧示意图

7—打印纸更换器　14—后盖板
15—打印纸更换口　16—打印纸存放盒
17—后盖门

图 3 – 6 – 4　畜产品溯源打码装置
左侧示意图

8—滑动轨道　9—滑动机构

内侧以进行打印纸更换。所述标签打印机 10 与所述打印条码出口 2 连接，打印条码出口 2 作为直接面向用户的输出端口，输出畜产品的信息。通过所述显示屏幕 1 将畜产品溯源信息传递到主机 11，主机 11 将需要打印的信息传给所述标签打印机 10，所述标签打印机 10 通过所述打印条码出口 2 打印出条码。所述打印纸更换器 7 与所述标签打印机 10 连接，所述打印纸更换器 7 设置在所述滑动机构 9 上，为了便于将打印纸更换器 7 取出并进行更换打印纸。所述滑动机构 9 设置在所述滑动轨道 8 内，所述打印纸更换器

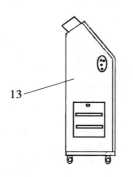

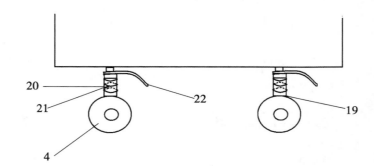

图 3 – 6 – 5　畜产品溯源
打码装置右侧示意图

13—右盖板

图 3 – 6 – 6　畜产品溯源打码装置滑轮示意图

4—底座　19—滑轮卡合开关　20—固定机构
21—弹簧　22—活动机构

7 通过所述滑动机构 9 在所述滑动轨道 8 上拉出或推进到所述打码装置内侧。在本实施例中，可选的，所述畜产品溯源打码装置与左盖板 12 和右盖板 13 连接，所述左盖板 12 与所述右盖板 13 设置在所述底座 4 顶部，所述左盖板 12 设置在所述右盖板 13 的正对面，并与所述第一侧板 5 和第二侧板 6 组成所述打码装置内侧的空间。通过增加左盖板 12 和右盖板 13，可以使畜产品溯源打码装置更加美观，同时，便于主机 11、标签打

印机 10 的防水、防潮，保证机器的通风。

在本实施例中，可选的，所述畜产品溯源打码装置还包括后盖板 14，所述后盖板 14 与所述左盖板 12、右盖板 13、第一侧板 5 以及第二侧板 6 组成一个密封的空间，所述后盖板 14 的上半部设置活动后盖门 17，所述活动后盖门 17 的高度不小于所述打印纸更换器 7 的高度，打开所述活动后盖门 17 将所述打印纸更换器 7 通过所述滑动机构 9 在所述滑动轨道 8 上拉出后盖门 17。通过增加后盖板 14 能够使畜产品溯源打码装置中的主机 11 和标签打印机 10 处于密封空间中，便于移动和搬运。后盖板 14 的上半部设置活动后盖门 17，用于滑动机构 9 的滑出和推入，同时，后盖门 17 打开后可以进行正常的装置管理和检修，及时更换装置防止老化而带来的导电、漏电或者是输出信息不准确。

在本实施例中，可选的，所述第二侧板 6 设置进纸位置按钮区 18，所述进纸位置按钮区 18 设置在显示屏幕 1 的下方位于所述打码装置外侧，所述进纸位置按钮区 18 与所述标签打印机 10 连接，选择所述进纸位置按钮区 18 的进纸位置调整所述标签打印机 10 进纸位置。通过设置进纸位置按钮区 18，可以调节标签打印机 10 中进纸的位置，从而，决定所述打印条码出口 2 打印出的打印纸上的排版信息。

在本实施例中，可选的，所述左盖板 12、右盖板 13 和后盖板 14 设置多个通风通道，所述通风通道包括两个通风板和多个散热薄片，所述散热薄片相对于所述通风板倾斜设置，所述通风板相互平行设置。因为本实施例中的畜产品溯源打码装置放置了主机 11 和标签打印机 10，所以，需要考虑散热问题，通过设置多个通风通道保证主机 11 和标签打印机 10 的散热性良好，从而，确保装置的正常运转。

在本实施例中，可选的，所述显示屏幕 1 为可触控显示屏幕，与主机 11 上的显示接口连接；通过传感器将触控信号转化为电输入信号主机 11 的显示接口。在所述主机 11 上的数据库单元与所述标签打印机 10 连接，用于输出主机 11 数据库中的畜产品信息。所述主机 11 设置有线或无线网卡接口，可以实现有线和无线联网，保证畜产品信息的更新，本领域技术人员公知的可以到畜牧产品相关数据中进行下载。

在本实施例中，可选的，所述打印纸更换器 7 包括打印纸更换口 15 和打印纸存放盒 16，所述打印纸存放盒 16 设置在所述滑动机构 9 上，所述打印纸更换口 15 的朝向为所述滑动轨道 8 拉出所述打码装置内侧的拉出方向。打印纸存放盒 16 用于存放打印纸，打印纸更换口 15 用于提供打印纸的更换口。

在本实施例中，可选的，所述滑轮 3 与滑轮卡合开关 19 连接，所述滑轮卡合开关 19 设置在所述底座 4 底部和所述滑轮 3 之间，当滑轮卡合开关 19 打开，滑轮 3 滚动，当滑轮卡合开关 19 闭合，滑轮 3 卡合固定。滑轮卡合开关 19 打开，需要移动该畜产品溯源打码装置时，滑轮 3 移动即整个装置可以移动。滑轮卡合开关 19 闭合，需要将该畜产品溯源打码装置固定在设定的位置，滑轮 3 通过滑轮卡合开关 19 固定。

在本实施例中，可选的，所述滑轮卡合开关 19 包括固定机构 20、弹簧 21 和活动机构 22，所述弹簧 21 套接在所述固定机构 20 中且顶端与所述活动机构 22 连接，所述活动机构 22 通过所述弹簧 21 一端固定在固定机构 20 上且另一端可绕所述固定机构 20 轴向转动。活动机构 22 通过转动按压或者松开弹簧 21，以实现固定机构 20 对滑轮 3 的卡合或者滚动。

综上，本技术中的畜产品溯源打码装置，由于底座 4 底部设置滑轮 3，可以在车间放置时方便移动调换位置；由于所述主机 11 和所述标签打印机 10 设置在所述打码装置内侧，可以通过主机 11 和标签打印机 10 一体化的设计实现实时数据库中的信息打码一体化；由于所述打印纸更换器 7 设置在所述滑动机构 9 上，所述滑动机构 9 设置在所述滑动轨道 8 内，可以方便所述打印纸更换器 7 通过所述滑动机构 9 在所述滑动轨道 8 上拉出或推进到所述打码装置内侧，更换打印纸时，操作人员可直接站着进行换纸，无须弯腰或者蹲下，使操作更加方便快捷。

本技术申请了国家专利保护，获得的专利号为：ZL 2014 2 0390381.1

4　其他相关专利技术

4.1 水禽饲喂装置

4.1.1 技术领域

本研究涉及畜禽养殖领域，特别是涉及一种水禽自由饲喂装置。

4.1.2 背景技术

饲养，一般指牲畜采食饲料的方式，包括以饲料就牲畜与以牲畜就饲料两种基本类型。前者多在畜舍饲喂，故称舍饲；后者是使牲畜自行采食生长、遗留在土地上的饲料，故称放牧；部分舍饲、部分放牧的称半舍饲。在不同国家和地区，饲养方式不尽相同，但从放牧到舍饲是人类社会多数地区饲养方式的总趋势。同时，放牧和舍饲本身也随着生产力的发展而变化。饲养方式的变化，反映畜牧业从粗放经营向集约经营发展。

舍饲为发展不适于放牧的畜禽，扩大畜牧业的内容提供了条件；同时，加强了人对牲畜的控制，有利于采用新技术。工厂化饲养是舍饲的现代化，可全面控制环境，使牲畜成为整个畜产品工厂机器系统的一个有机组成部分，从而，显著地提高了畜牧业的劳动生产率。

自由饲喂是舍饲的重要内容，目前，我国规模化饲喂模式多采用人工舍饲饲喂。在大规模水禽养殖场进行饲喂时，需要大量的人工，效率低下；且由于人工饲喂随意性强，给料不均匀，无法达到喂养动物的自由采食。

4.1.3 解决方案

有鉴于此，本研究的目的在于提出一种水禽饲喂装置，以提高饲喂效率，减少饲料的浪费，减少工人劳动强度，并达到自由采食的效果。

基于上述目的，本研究提供的水禽饲喂装置包括储料槽、输料管和采食槽，所述输料管的一端与所述储料槽的底部相连通，所述输料管的另一端位于所述采食槽底部的上方、并与采食槽的底部保持有一段距离。

较佳地，所述输料管的另一端与采食槽底部之间的距离小于等于 2 厘米。

可选地，所述储料槽底部从储料槽底部与输料管连通处至储料槽底部边缘为倾斜设置，且所述连通处最低、所述边缘最高。

可选地，所述储料槽的侧壁上开有储料固定孔，所述储料固定孔用于将储料槽通过螺钉或者螺栓固定于墙面上。

可选地，所述采食槽包括固定面、采食面、以及固定连接所述固定面和采食面的两侧连接面。

较佳地，所述采食面包括第二采食面以及分别位于所述第二采食面两侧的第一采食面和第三采食面，所述第二采食面正对着所述输料管的端口，且所述第二采食面的位置高于第一采食面和第三采食面。

优选地，所述第二采食面的面积小于第一采食面的面积和/或第三采食面的面积较佳地，所述固定面与采食面的夹角为60°～80°。

可选地，所述采食槽的侧壁上开有采食固定孔，所述采食固定孔用于将采食槽通过螺钉或者螺栓固定于墙面上。

从上面所述可以看出，本研究提供的水禽饲喂装置结构简单，将其安装于各个饲养区，使每个动物都饲喂到需要采食的饲料，可以有效避免由于人工饲喂带来的随意性强、采食不充分、无法达到对喂养动物的食物量进行控制的问题。该水禽饲喂装置可以提高饲喂效率，减少工人劳动强度，大幅度节约劳动成本，尤其能达到水禽自由采食的最佳效果。

4.1.4　附图说明

图4-1-1为本研究一个实施例的水禽饲喂装置的立体结构示意图。

图4-1-2为本研究另一个实施例的水禽饲喂装置采食槽的结构示意图。

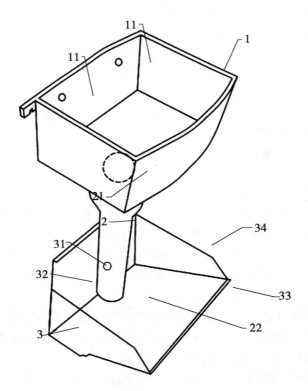

图4-1-1　水禽饲喂装置的立体结构示意图

1—储料槽　3—采食槽　11—储料固定孔　22—输料管2的另一端　31—采食固定孔

32—固定面　33—采食面　34—连接面

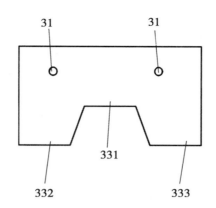

图4-1-2 水禽饲喂装置采食槽的结构示意图
31—采食固定孔 331—第一采食面 332—第二采食面 333—第三采食面

具体实施方式如下。

本研究提供的水禽饲喂装置包括储料槽、输料管和采食槽，所述输料管的一端与所述储料槽的底部相连通，所述输料管的另一端位于所述采食槽底部的上方、并与采食槽的底部保持有一段距离。

如图4-1-1所示，其为本研究一个实施例的水禽饲喂装置的立体结构示意图，作为本研究的一个实施例，所述水禽饲喂装置包括储料槽1、输料管2和采食槽3，所述输料管2的一端21与所述储料槽1的底部相连通，所述输料管2的另一端22位于所述采食槽3底部的上方、并与采食槽3的底部保持有一段距离。因此，储料槽1中的饲料能够顺着输料管2进入采食槽3，便于动物通过采食槽3进行采食。

较佳地，所述输料管2的另一端22与采食槽3底部之间的距离小于等于2厘米，以达到最佳的输送量。

可选地，所述储料槽1的侧壁上开有储料固定孔11，所述储料固定孔11用于将储料槽1通过螺钉或者螺栓固定于墙面上。较佳地，所述采食槽3的侧壁上开有采食固定孔31，所述采食固定孔31用于将采食槽3通过螺钉或者螺栓固定于墙面上。具体地，螺钉或者螺栓穿过所述储料固定孔11和/或采食固定孔31，使储料槽1和/或采食槽3牢固地固定于墙面上，而且，也便于根据需要调整和拆卸所述储料槽1和/或采食槽3。

需要说明的是，所述输料管2的另一端22与采食槽3的底部的距离也可以通过储料槽1和采食槽3在墙面上的安装位置进行调整，不受限制。

作为本研究的一个优选实施例，所述储料槽1底部从储料槽1底部与输料管2连通处至储料槽1底部边缘为倾斜设置，且所述连通处最低、所述边缘最高，有利于饲料顺利进入输料管。

作为本研究的一个优选实施例，所述采食槽3包括固定面32、采食面33、以及固定连接所述固定面32和采食面33的两侧连接面34。优选地，所述采食固定孔31开于所述固定面32上，螺钉或者螺栓穿过所述采食固定孔31，使固定面32与墙面紧密贴合，使动物在进行采食时保证采食槽3牢固地固定与墙面上，不易摇晃。较佳地，所述固定面 32 与采食面 33 的夹角为 60°～80°，设计这样的夹角不但便于动物采食，也可以防止在动物采食过程中饲料从采食槽 3 中掉出。

参见图 4-1-2，其为本研究另一个实施例的水禽饲喂装置采食槽的结构示意图，所述采食面 33 包括第二采食面 332 以及分别位于所述第二采食面 332 两侧的第一采食面 331 和第三采食面 333，所述第二采食面 332 正对着所述输料管 2 的端口 22，且所述第二采食面 332 的位置高于第一采食面 331 和第三采食面 333。因此，当饲料从输料管 2 的端口 22 掉出时，直接落入第二采食面 332，随着第二采食面 332 上饲料增多，饲料随之落入两侧的第一采食面 331 和第三采食面 333，便于动物通过第一采食面 331 和第三采食面 333 进行采食，同时，又不影响饲料的输送。

优选地，所述第二采食面 332 的面积小于第一采食面 331 的面积和/或第三采食面 333 的面积，以防止饲料在第二采食面 332 过分堆积。

由此可见，本研究提供的水禽饲喂装置结构简单，将其安装于各个饲养区，使每个动物都饲喂到等量的饲料，可以有效避免由于人工饲喂随意性强、给料不均匀、无法达到对喂养动物的食物量进行控制的问题。该水禽饲喂装置可以提高饲喂效率，减少工人劳动强度，大幅度节约劳动成本。

本研究申报了国家专利保护，获得的专利号为：ZL 2013 2 0890470.0

4.2 鸡舍供水系统

4.2.1 技术领域

本技术研究涉及禽类饲养装置，尤其是指一种禽舍供水系统。

4.2.2 背景技术

在进行禽类饲养时，对于禽类饮水量的统计十分重要。在不同季节，禽类对水的需求量不同，通过对饮水量的统计可以明显观察出禽类是否处于正常的健康水平，从而及时判断是否需要更换食料或进行疫病防治；特别是科研单位对于禽类饲养进行研究时，饮水量是需要精确统计的一个数值。然而，现有的禽舍供水系统结构较为简单，大多数并没有考虑到对于供水量的统计，少数仅具备对于水箱总出水量的统计，无法满足精准饲养和科研工作的需要。同时，在供水系统部分发生锈蚀、堵塞时，现有技术中的禽舍供水系统无法判断是何处发生了故障，延长了故障排查的时间。

4.2.3 解决方案

本技术研究解决的技术问题是克服现有禽舍供水系统无法精确统计供水量的问题，提供一种简单实用的禽舍供水系统。

为克服上述技术问题，本技术研究提供的一种禽舍供水系统包括水箱、流量计和乳头饮水器。其中：

水箱设置于禽舍的相对高处，利用重力供水。水箱连接有用于汲水的进水管和用于供水的主管路，主管路在每排禽舍处分出支管路。

流量计有多个，设置于包括水箱与主管路的连接处、每个支管路起始处在内的位置；流量计包括依次连接的流量统计模块、数据获取模块和无线通信模块，流量统计模块用于获取流量值，数据获取模块用于将所述流量值转换为数字信号，无线通信模块用于将所述数字信号发送至客户端。

乳头饮水器设置于禽舍的各个笼舍旁，与支管路相连接，用于直接供水。

可选的，乳头饮水器包括外壳体、触头、触杆、托架、支撑沿、球体、止流杆和控流帽；所述外壳体中空形成柱形的限流腔，限流腔底部设置有直径向下增加的锥形开口，所述锥形开口中活动设置有触杆，触杆底端固定有触头，触杆顶端固定有托架，托架上表面呈圆弧状凹陷；限流腔内壁中部设置有环绕一周的支撑沿，球体设置于支撑沿上部，直径略大于支撑沿内径；限流腔顶部设置有中部开有通孔的控流帽，控流帽的通孔内活动设置有止流杆，当止流杆向上运动并与控流帽接触时，将控流帽的所述开口密封。

可选的，所述控流帽的通孔上半部等内径，下半部内径逐渐增加，形成锥形孔；止流杆上半部等外径，下半部外径逐渐增加，形成锥形体；控流帽通孔上半部内径略大于止流杆上半部外径，控流帽通孔下半部锥形孔与止流杆下半部锥形体形状配合。

可选的，流量计还包括与无线通信模块连接的显示模块，用于显示流量信息。

可选的，流量计还设置于相邻两个乳头饮水器之间的支管路上。

综上所述，可以看出，本技术研究提供的禽舍供水系统通过设置流量计，可以检测各个饮水器的供水量信息，一方面可以获取禽类精确的饮水量以便于科学饲养，另一方面可以判断是否有饮水器发生堵塞；同时，改进了现有乳头饮水器的设计，降低了故障率。

4.2.4　附图说明

图 4 - 2 - 1 为本技术研究提供的禽舍供水系统的实施例的整体示意图。

图 4 - 2 - 2 为本技术研究提供的禽舍供水系统的实施例中流量统计模块的结构示意图。

图 4 - 2 - 3 为本技术研究提供的禽舍供水系统的实施例中乳头饮水器的侧视图。

图 4 - 2 - 4 为本技术研究提供的禽舍供水系统的实施例中乳头饮水器的剖视图。

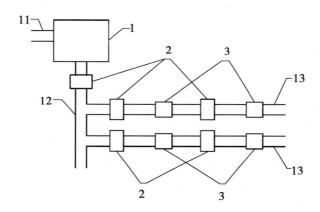

图 4 - 2 - 1　禽舍供水系统的实施例的整体示意图
1—水箱　2—流量计　3—乳头饮水器　11—进水管
12—供水的主管路　13—每排禽舍处分出支管路

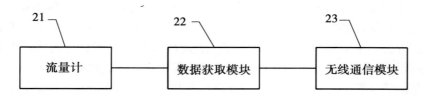

图 4 - 2 - 2　禽舍供水系统的实施例中流量统计模块的结构示意图
21—流量统计模块　22—数据获取模块　23—无线通信模块

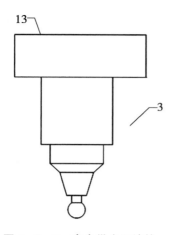

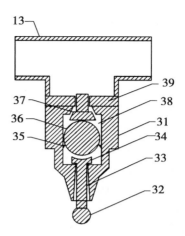

图 4 – 2 – 3　禽舍供水系统的
乳头饮水器的侧视图
3—乳头饮水器
13—每排禽舍处分出支管路

图 4 – 2 – 4　禽舍供水系统的
乳头饮水器的剖视图
13—每排禽舍处分出支管路　31—壳体
32—触头　33—触杆　34—托架
35—支撑沿　36—球体　37—止流杆
39—控流帽

具体实施方式如下。

为使本技术研究的目的、技术方案和优点更加清楚明白，以下结合具体实施例，并参照附图，对本技术研究进一步详细说明。

以下为本技术研究的一个实施例。

图 4 – 2 – 1 为本技术研究提供的禽舍供水系统的实施例的整体示意图，图 4 – 2 – 2 为本技术研究提供的禽舍供水系统的实施例中流量统计模块的结构示意图。如图所示，本技术研究提供禽舍供水系统，包括水箱 1、流量计 2 和乳头饮水器 3；其中：

水箱 1 设置于禽舍的相对高处，利用重力供水；水箱 1 连接有用于汲水的进水管 11 和用于供水的主管路 12，主管路 12 在每排禽舍处分出支管路 13。

流量计 2 有多个，设置于包括水箱 1 与主管路 12 的连接处、每个支管路 13 起始处在内的位置。流量计 2 包括依次连接的流量统计模块 21、数据获取模块 22 和无线通信模块 23，流量统计模块 21 获取流量值后，数据获取模块 22 将所述流量值转换为数字信号，并通过无线通信模块 23 发送至客户端。

乳头饮水器 3 设置于禽舍的各个笼舍旁，与支管路 13 相连接，用于直接供水。

客户端会对接收到的流量值信号进行统计，并得出流量值的每小时、每日、每月使用折线图。

在一些可选实施例中，流量计 2 还包括与无线通信模块 23 连接的显示模块，用于显示流量信息。无线通信模块 23 从服务器获取流量信息，操作人员可以直接从每一个流量计 2 查询本流量计或者其他任意流量计的流量信息。

在一些可选实施例中，使用者还可以通过无线网络（如移动通信网络、无线宽带等）、利用无线终端获取各流量计的统计信息和统计图。

在一些可选实施例中，流量计 2 还设置于相邻两个乳头饮水器 3 之间的支管路 13 上，可以通过计算统计各个乳头饮水器 3 的供水量信息。

图 4 - 2 - 3 为本技术研究提供的禽舍供水系统的实施例中乳头饮水器的侧视图；图 4 - 2 - 4 为本技术研究提供的禽舍供水系统的实施例中乳头饮水器的剖视图。如图所述，乳头饮水器 3 包括外壳体 31、触头 32、触杆 33、托架 34、支撑沿 35、球体 36、止流杆 37 和控流帽 39；所述外壳体 31 中空形成柱形的限流腔 38，限流腔 38 底部设置有直径向下增加的锥形开口，所述锥形开口中活动设置有触杆 33，触杆 33 底端固定有触头 32，触杆 33 顶端固定有托架 34，托架 34 上表面呈圆弧状凹陷；限流腔 38 内壁中部设置有环绕一周的支撑沿 35，球体 36 设置于支撑沿 35 上部，直径略大于支撑沿 35 内径；限流腔 38 顶部设置有中部开有通孔的控流帽 39，控流帽 39 的通孔内活动设置有止流杆 37，当止流杆 37 向上运动并与控流帽 39 接触时，将控流帽 39 的所述开口密封。

当饲养的禽类啄食触头 32 时，触杆 33 会横向移动，由于限流腔 38 底部开口呈锥形，触杆 33 的横向运动会变为向上的运动，从而通过托架 34 将球体 36 上移，使得水从球体 36 与支撑沿 35 之间的缝隙流下，使得禽类可饮水；球体 36 上移的同时，会将止流杆 37 上移，当止流杆 37 向上运动并与控流帽 39 接触时，将控流帽 39 的所述开口密封，水流停止。禽类间断地啄食触头 32，即可不断获得饮水。现有技术中触杆 33 底端并未设置触头 32，触杆 33 体积小，难以啄食，本申请克服了这一问题。

本实施例中，所述控流帽 39 的通孔上半部等内径，下半部内径逐渐增加，形成锥形孔；止流杆 37 上半部等外径，下半部外径逐渐增加，形成锥形体；控流帽 39 通孔上半部内径略大于止流杆 37 上半部外径，控流帽 39 通孔下半部锥形孔与止流杆 37 下半部锥形体形状配合。现有技术中，控流帽通孔的下部为内径大于上部的等内径圆柱形空腔，止流杆 37 下半部也为与所述圆柱形空腔形状配合的圆柱体。如果圆柱形空腔内部或圆柱体表面产生污垢，则很容易卡死导致无法供水。本申请将两者分别设置为锥形和锥体，改变了两者的配合方式，即使出现污垢，由于两者的接触面并非竖直设置、摩擦力大大减小，也不会发生卡死，降低了故障率。

综上可见，本申请提供的禽舍供水系统，通过设置流量计，可以检测各个饮水器的供水量信息，一方面可以获取禽类精确的饮水量以便科学饲养，另一方面可以判断是否有饮水器发生堵塞；同时，改进了现有乳头饮水器的设计，降低了故障率。

本技术申请了国家专利保护，获得的专利号为：ZL 2013 2 0890470.0

4.3 一种满足鸡生长发育和产蛋需求的节能光照系统

4.3.1 技术领域

本技术研究属于家禽养殖和光电控制的技术领域，尤其涉及一种满足鸡生长发育和产蛋需求的节能光照系统。

4.3.2 背景技术

为了保证生长鸡的正常生长发育和提高养鸡场蛋鸡的产蛋率，养鸡场除了必须的配合饲料、严格的防疫管理程序之外，还要保证鸡舍内合理的光照强度和光照时间。自然光照的强度和时间随着季节和天气的变化存在较大变异，不能满足现代标准化养殖需要。人工补充光照一是为了适应鸡的生理、生长需要；二是为了增加鸡的进食时间，有利于提高产蛋率和肉鸡的出栏率。由于鸡眼睛对光线敏感，光线过暗鸡的视力变差，进食欲望变弱，而归巢意识增强。但光照时间过长，或者强度过大，会引起青年鸡性早熟，使蛋鸡开产早，蛋重变小。目前的养鸡技术及设备存在光照时间偏长、光照强度偏强、光照不稳定的问题，无法满足鸡正常生长发育和产蛋的光照需求，养殖效果差，且浪费能源。因此，合理设置光照时间和光照强度，有利于最大限度发挥生产性能，并节省电能消耗，提高养殖效益。

4.3.3 解决方案

本技术研究的目的在于提供一种满足鸡生长发育和产蛋需求的节能光照系统，旨在解决传统的养鸡技术及设备存在光照成本高、无法满足鸡生长发育和产蛋的光照需求、养殖效果差，浪费能源的问题。

本技术研究是这样实现的，一种满足鸡生长发育和产蛋需求的节能光照系统，该系统包括分别设立3个不同的鸡舍、对应鸡舍安装不同的节能LED灯组、连接传感器等控制设备、开启光照控制器进行工作、利用手机报警器进行监测；

所述的设立3个不同的鸡舍是指根据雏鸡、育成鸡和产蛋鸡需要光照强度和时间的不同，分别设立雏鸡舍、育成舍和产蛋舍；

所述的对应鸡舍安装不同的节能LED灯组是指在雏鸡舍设置第一节能LED灯组，在育成舍设置第二节能LED灯组，在产蛋舍设置第三节能LED灯组；

所述的连接传感器等控制设备是指将第一、第二、第三节能LED灯组分别同传感器的3个独立感应部件连接，将传感器连接在光照控制器上，将雏鸡舍、育成舍和产蛋舍的光照图像反映在计算机监测器上，利用手机报警器接收信号；

所述的开启光照控制器进行工作是指接通电源，将传感器、光照控制器、计算机监测器、手机报警器调至工作状态，把光照强度恒定在每天规定的照明小时数里的一个数，通过传感器实现自动感应光的强度并作出调整，让雏鸡、育成鸡、产蛋鸡每天接受不同的照明小时数和强度，利用多段控制的自动开灯和关灯感应的程序，实现每个阶段明、暗交错的自动开关过程，育雏、育成阶段每天交替 1 次，产蛋阶段每天交替 2 次；

所述的利用手机报警器进行监测是指在远距离范围内将手机报警器随身携带，通过计算机监测器进行监测，将危险信号发送至手机报警器，进行远程监控，提高了安全性。

一种满足鸡生长发育和产蛋需求的节能光照系统，该系统主要包括：雏鸡舍、育成舍、产蛋舍、第一节能 LED 灯组、第二节能 LED 灯组、第三节能 LED 灯组、传感器、光照控制器、计算机监测器、手机报警器；

所述的雏鸡舍设置在成鸡舍的左侧，所述的成鸡舍设置在雏鸡舍和产蛋舍之间，所述的产蛋舍设置在成鸡舍的右侧，所述的第一节能 LED 灯组设置在雏鸡舍内，所述的第二节能 LED 灯组设置在育成舍内，所述的第三节能 LED 灯组设置在产蛋舍内，所述的传感器分别与第一节能 LED 灯组、第二节能 LED 灯组和第三节能 LED 灯组连接，所述的光照控制器与传感器电连接，所述的计算机监测器与光照控制器的电连接，所述的手机报警器设置在节能光照设备的远程距离范围内，用于人体随时携带接收监控报警信号。

进一步，所述的光照控制器内部设置中央处理器，编制自动控制光照强度和时间的程序，可在每天规定的照明小时数里把光照强度恒定在一个数。第一节能 LED 灯组设置为雏鸡 0 ~ 3 日龄每昼夜 24 小时给予 20 勒克斯光照，4 ~ 7 日龄设置为每昼夜 23 小时给予 20 勒克斯光照；第二节能 LED 灯组设置为 8 ~ 120 日龄每昼夜连续 8 小时 5 勒克斯光照；第三节能 LED 灯组设置为 121 ~ 126 日龄每昼夜连续 12 小时 15 勒克斯光照，以后每昼夜每周增加 30 分钟，直至连续 14 小时，此外，在黑暗中间补充 1 小时光照。设置多段控制的自动开灯和关灯感应的程序，实现每个阶段明、暗交错的自动开关过程，育雏、育成阶段每天交替 1 次，产蛋阶段每天交替 2 次；

进一步，所述的手机报警器具体采用联网的智能手机，随时随地接收由计算机监测器发出的危险报警信号，避免意外事故发生，提高了安全指数。

综上，本技术研究提供的满足鸡生长发育和产蛋需求的节能光照系统，满足了鸡生长发育和产蛋的光照需求、提高了养殖效率；利用多段控制的自动开灯和关灯感应的程序，实现了蛋鸡明、暗交错的 2 次自动开关过程，每天减少 1 小时光照，节能效果显著；设置光照控制器，实现了光照强度和时间的自动控制，减少不必要的人工光照，达到节能目的；设置传感器，实现了对感应光的强度进行自动调整；设置手机报警器，随时随地接收由计算机监测器发出的危险报警信号，避免了意外事故发生，提高了安全指数。满足鸡生长发育和产蛋需求的节能光照系统成本低、效果好、满足了鸡生长发育和产蛋的光照需求、安全性高。

4.3.4　附图说明

图 4 - 3 - 1 是本技术研究实施例提供的满足鸡生长发育和产蛋需求的节能光照技术

流程图。

图 4 - 3 - 2 是本技术研究实施例提供的满足鸡生长发育和产蛋需求的节能光照系统的结构示意图。

为了使本技术研究的目的、技术方案及优点更加清楚明白，以下结合实施例，对本技术研究进行进一步详细说明。应当理解，此处所描述的具体实施例仅仅用以解释本技术研究，并不用于限定本技术研究。

下面结合附图及具体实施例对本技术研究的应用原理作进一步描述。

如图 4 - 3 - 1 所示，一种满足鸡生长发育和产蛋需求的节能光照技术，该技术流程包括分别设立三个不同的鸡舍 S101、对应鸡舍安装不同的节能 LED 灯组 S102、连接传感器 7 等控制设备 S103、开启光照控制器 8 进行工作 S104、利用手机报警器 10 进行监测 S105；

所述的设立 3 个不同的鸡舍 S101 是指根据雏鸡、育成鸡和产蛋鸡需要光照强度和时间的不同，分别设立雏鸡舍 1、育成舍 2 和产蛋舍 3；

所述的对应鸡舍安装不同的节能 LED 灯组 S102 是指在雏鸡舍 1 设置第一节能 LED 灯组 4，在育成舍 2 设置第二节能 LED 灯组 5，在产蛋舍 3 设置第三节能 LED 灯组 6；

所述的连接传感器 7 等控制设备 S103 是指将第一节能 LED 灯组 4、二 5、三 6 分别同传感器 7 的 3 个独立感应部件连接，将传感器 7 连接在光照控制器 8 上，将雏鸡舍 1、育成舍 2 和产蛋舍 3 的光照图像反映在计算机监测器 9 上，利用手机报警器 10 接收信号；

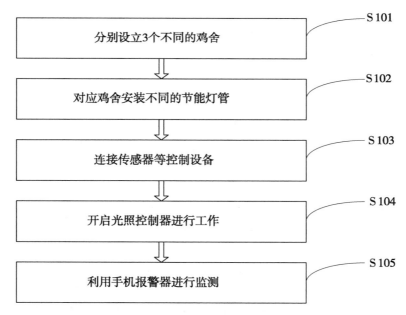

图 4 - 3 - 1 满足鸡生长发育和产蛋需求的节能光照技术流程图

所述的开启光照控制器 8 进行工作 S104 是指接通电源，将传感器 7、光照控制器 8、计算机监测器 9、手机报警器 10 调至工作状态，把光照强度恒定在每天规定的照明小时数里的一个数,通过传感器7实现自动感应光的强度并作出调整,让雏鸡、育成鸡和产蛋鸡每天接受不同的照明小时数和光照强度,利用多段控制的自动开灯和关灯感应的程序,实现明、暗交错的多次自动开关过程;

所述的利用手机报警器10进行监测S105是指在远距离范围内将手机报警器10随身携带,通过计算机监测器9进行监测,将危险信号发送至手机报警器10,进行远程监控,提高了安全性。

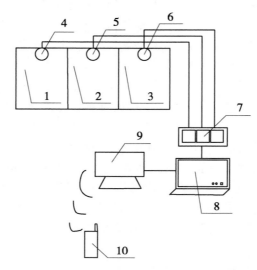

图4-3-2 满足鸡生长发育和产蛋需求的节能光照系统的结构示意图

1—雏鸡舍 2—育成舍 3—产蛋舍 4—第一节能LED灯组 5—第二节能LED灯组
6—第三节能LED灯组 7—传感器 8—光照控制器 9—计算机监测器 10—手机报警器

工作原理如下。

如图4-3-1所示,一种满足鸡生长发育和产蛋需求的节能光照技术,该技术流程包括分别设立3个不同的鸡舍S101、对应鸡舍安装不同的节能LED灯组S102、连接传感器7等控制设备S103、开启光照控制器8进行工作S104、利用手机报警器10进行监测S105;设立3个不同的鸡舍S101是指根据雏鸡、育成鸡和产蛋鸡需要光照强度的不同,分别设立雏鸡舍1、育成舍2和产蛋舍3;对应鸡舍安装不同的节能LED灯组S102是指在雏鸡舍1设置第一节能LED灯组4,在育成舍2设置第二节能LED灯组5,在产蛋舍3设置第三节能LED灯组6;连接传感器7等控制设备S103是指将第一节能LED灯组4、二5、三6分别同传感器7的3个独立感应部件连接,将传感器7连接在光照控制器8上,将雏鸡舍1、育成舍2和产蛋舍3的光照图像反映在计算机监测器9上,利用手机报警器10接收信号;开启光照控制器8进行工作S104是指接通电源,将传感器7、光照控制器8、计算机监测器9、手机报警器10调至工作状态,把光照强度恒定在每天规定的照明小时数里的一个数,每天早上4:00到22:00可保持光照强度在10勒克斯,通过传感器7实现自动感应光的强度并作出调整,让雏鸡和育成鸡每天接受不同的照明小时数,利用多段控制的自动开灯和关灯感应的程序,实现明、暗交错的2次自动开关过程；利用手机报警器 10 进行监测 S105 是指在远距离范围内将手机报警器 10 随身携带，通过计算机监测器 9 进行监测，将危险信号发送至手机报警器 10，进行远程监控，提高了安全性。

　　本技术装置已经获得国家专利保护，专利号：ZL 2014 2 0455961.7

4.4 环境控制系统及方法

4.4.1 技术领域

本技术研究涉及畜牧养殖及自动控制领域，特别是指一种环境控制系统及方法。

4.4.2 背景技术

畜牧养殖业一直在农业生产中占有很重要的比重，但国内的畜牧养殖行业往往受养殖品种、饲料种类和质量、疫病、生长环境和管理水平等因素的影响，与国际先进水平存在差距，所以，科学养殖显得尤为重要。特别地，随着近几年物联网技术蓬勃发展，若将物联网技术与养殖业结合起来，能让养殖户在第一时间感知到养殖环境及牲畜生长变化，从而及时作出补救措施，则能够避免大量的经济损失。同时，结合物联网技术的环境控制系统，对饲养场所的环境进行自动控制，一方面使牲畜的生长环境一直保持在最佳状态，保证牲畜身体健康生长速度；另一方面，利用远程监控、自动化控制，大大降低人工成本。

4.4.3 解决方案

有鉴于此，本技术研究的目的在于提出一种能够实现远程监控、自动控制的环境控制系统及方法。

基于上述目的本技术研究提供的一种环境控制系统，包括：

服务器，用于存储包括各类报文、环境参数的系统信息；

客户端，用于向服务器发送控制报文、接收服务器存储的环境参数、查询服务器存储的环境参数及接收服务器发送的报警报文；

下位机，包括所属的环境控制设备；所述下位机用于接收服务器发送的控制报文，根据控制报文中的控制参数启动对应的环境控制设备，对环境参数进行调整；

所述服务器、客户端和下位机之间通过互联网、移动公网等有线或无线网络进行通信。

进一步，所述下位机还包括传感器组；所述传感器组分布于所述下位机所属的环境控制设备范围内；所述传感器组用于获取环境参数，向所述下位机发送包含环境参数的反馈报文；所述下位机根据传感器组的反馈报文，调整其下属的环境控制设备，使环境数据处于预设的范围参数内。

进一步，若启动用于调节某一环境参数的环境控制设备达到预设的阈值时间后，下位机获取的该环境参数仍然超出范围参数，则生成包括该环境参数，用于调节该环境参数的环境控制设备的启动时间的报警报文，向服务器发送报警报文；服务器接收报警报文，向客户端发送报警报文；服务器记录报警报文。

进一步，所述客户端包括固定端和移动端；所述固定端包括 PC；所述移动端包括智能手机、平板电脑等具备通信功能的移动智能设备。

进一步，所述传感器组包括温度传感器组、湿度传感器组、光照传感器组、特殊气体传感器组；所述环境控制设备包括空调、风机、电控窗帘、电控水帘。

本技术研究还提供一种环境控制方法，包括以下步骤。

客户端获取控制参数，生成包括控制参数、下位机地址及环境控制设备类型的控制报文；

客户端发送控制报文至服务器；

服务器记录该控制报文，根据下位机地址，查找对应的下位机，向其转发控制报文；

下位机接收控制报文，获取控制报文中的控制参数及环境控制设备类型；

若控制参数处于预设的安全阈值内，下位机按照控制参数，根据环境控制设备类型，启动对应的环境控制设备，启动成功后，向服务器发送确认报文；

服务器接收确认报文，向客户端转发确认报文，记录此次操作过程。

进一步，还包括以下步骤。

下位机根据传感器组的反馈报文，调整其下属的环境控制设备，使环境数据处于预设的范围参数内。

进一步，下位机根据反馈调整环境控制设备，包括以下步骤。

传感器组检测环境参数，生成包括环境参数的反馈报文；

传感器组向下位机发送反馈报文；

下位机接收反馈报文，获取反馈报文中的环境参数；

下位机将环境参数与预设的范围参数比对，若某一项环境参数超出范围参数，启动用于调节该环境参数的环境控制设备；

当传感器组的反馈报文中的环境参数均处于范围参数内时，下位机关闭环境控制设备。

进一步，包括发现异常环境信息后发送报警信息的步骤，包括以下步骤。

若启动用于调节某一环境参数的环境控制设备达到预设的阈值时间后，下位机获取的该环境参数仍然超出范围参数，则生成包括该环境参数、环境控制设备启动时间的报警报文；

下位机向服务器发送报警报文；

服务器接收报警报文，向客户端发送报警报文；

服务器记录报警报文。

进一步，包括服务器记录环境参数的步骤，包括以下步骤。

下位机将传感器组发送的反馈报文发送至服务器；

服务器获取反馈报文中的环境参数；

服务器记录环境参数；

客户端获取服务器的环境参数，绘制环境参数变化曲线。

从上面所述可以看出，本技术研究提供的环境控制系统及方法，不但提供了用户通过无线网络远程控制环境控制设备的功能，还提供了用户预设范围参数，由下位机自动控制环境控制设备进行环境参数控制的功能；同时，还具备异常情况报警功能。可见，本技术研究提供的环境控制系统及方法适用于场合，尤其适用于对环境参数要求较高的畜牧养殖行业，具备较高的实用性。

4.4.4 附图说明

图 4 - 4 - 1 为本技术研究提供的环境控制系统的实施例的模块示意图。

图 4 - 4 - 2 为本技术研究提供的环境控制方法的实施例的整体流程示意图。

图 4 - 4 - 3 为本技术研究提供的环境控制方法的实施例中，下位机根据传感器组的反馈报文控制环境控制设备的方法的流程示意图。

图 4 - 4 - 4 为本技术研究提供的环境控制方法的实施例中，发现异常环境信息后发送报警信息的方法的流程示意图。

图 4 - 4 - 5 为本技术研究提供的环境控制方法的实施例中，服务器记录环境参数的方法的流程示意图。

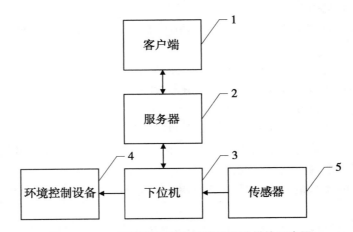

图 4 - 4 - 1　环境控制系统的实施例的模块示意图

1—客户端　2—服务器　3—下位机　4—环境控制设备　5—传感器组

具体实施方式如下。

为使本技术研究的目的、技术方案和优点更加清楚明白，以下结合具体实施例，对本技术研究进一步详细说明。

首先参照附图对本技术研究提供的环境控制系统进行介绍。

图 4 - 4 - 1 为本技术研究提供的环境控制系统的实施例的模块示意图。如图所示，本实施例中的环境控制系统，包括：

服务器 2，用于存储包括各类报文、环境参数的系统信息。

客户端 1，用于向服务器 2 发送控制报文、接收服务器 2 存储的环境参数、查询服务器 2 存储的环境参数及接收服务器 2 发送的报警报文。

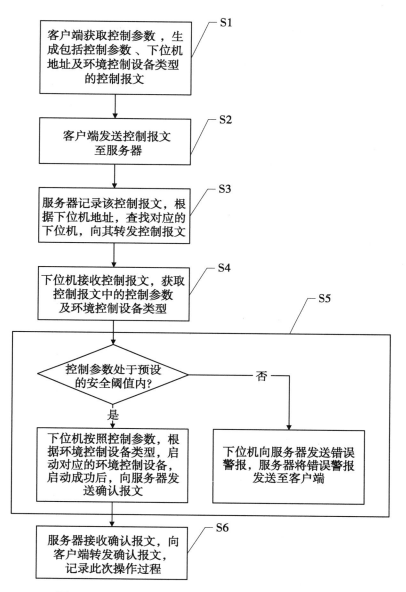

图4-4-2 环境控制方法的实施例的整体流程示意图

下位机3，包括所属的环境控制设备4；所述下位机用于接收服务器2发送的控制报文，根据控制报文中的控制参数启动对应的环境控制设备4，对环境参数进行调整。

所述服务器2、客户端1和下位机3之间通过互联网、移动公网等有线或无线网络进行通信。

进一步，所述下位机3还包括传感器组5；所述传感器组5分布于所述下位机3所属的环境控制设备4范围内；所述传感器组5用于获取环境参数，向所述下位机3发送包含环境参数的反馈报文；所述下位机3根据传感器组的反馈报文，调整其下属的环境

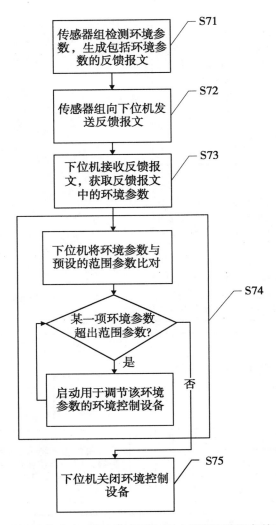

图4－4－3　环境控制方法中下位机根据感知报文控制环境设备的方法流程示意图

控制设备4，使环境数据处于预设的范围参数内。

进一步，若启动用于调节某一环境参数的环境控制设备4达到预设的阈值时间后，下位机3获取的该环境参数仍然超出范围参数，则生成包括该环境参数、用于调节该环境参数的环境控制设备4的启动时间的报警报文，向服务器2发送报警报文；服务器2接收报警报文，向客户端1发送报警报文；服务器2记录报警报文。

进一步，所述客户端1包括固定端和移动端；所述固定端包括PC；所述移动端包括智能手机、平板电脑等具备通信功能的移动智能设备。

进一步，所述传感器组5包括温度传感器组、湿度传感器组、光照传感器组、特殊气体传感器组；所述环境控制设备包括空调、风机、电控窗帘。

下面参照附图对本技术研究提供的环境控制方法进行介绍。

图4－4－2为本技术研究提供的环境控制方法的实施例的整体流程示意图。如图所

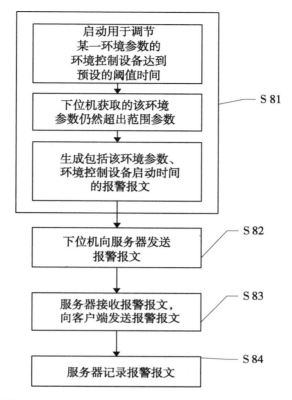

图 4 - 4 - 4 环境控制方法中的发现异常环境信息后发送报警信息的方法的流程示意图

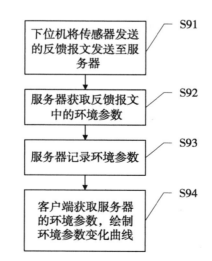

图 4 - 4 - 5 环境控制方法中的服务器记录环境参数的方法的流程示意图

示，本实施例中的环境控制方法基于上述环境控制系统，包括以下步骤。

S1，客户端获取控制参数，生成包括控制参数、下位机地址及环境控制设备类型的控制报文。

S2，客户端发送控制报文至服务器。

S3，服务器记录该控制报文，根据下位机地址，查找对应的下位机，向其转发控制报文。

S4，下位机接收控制报文，获取控制报文中的控制参数及环境控制设备类型。

S5，若控制参数处于预设的安全阈值内，下位机按照控制参数，根据环境控制设备类型，启动对应的环境控制设备，启动成功后，向服务器发送确认报文。所述安全阈值的设置是为了防止用户误发错误的控制信息后，导致系统工作异常，环境参数变化极端而造成意外损失。

S6，服务器接收确认报文，向客户端转发确认报文，记录此次操作过程。

步骤 S1 ~ S6 为本实施例的基本工作流程，用户在客户端输入控制参数，通过服务器和下位机，远程控制各环境控制设备运作，进而完成环境控制。

进一步，还包括以下步骤：

S7，下位机根据传感器组的反馈报文，调整其下属的环境控制设备，使环境数据处于预设的范围参数内。

图 4-4-3 为本技术研究提供的环境控制方法的实施例中，下位机根据传感器组的反馈报文控制环境控制设备的方法的流程示意图。如图所示，具体的，步骤 S7 包括以下子步骤。

S71，传感器组检测环境参数，生成包括环境参数的反馈报文。

S72，传感器组向下位机发送反馈报文。

S73，下位机接收反馈报文，获取反馈报文中的环境参数。

S74，下位机将环境参数与预设的范围参数比对，若某一项环境参数超出范围参数，启动用于调节该环境参数的环境控制设备。

S75，当传感器组的反馈报文中的环境参数均处于范围参数内时，下位机关闭环境控制设备。

步骤 S7 及其包含的子步骤，利用传感器组，对环境参数进行实时监测，并反馈至下位机，而下位机利用参照用于预设的范围参数，自发地判断是否启用或启用哪些环境控制设备，从而将环境参数控制在范围参数内，进而实现环境自动控制。

进一步，所述范围参数并非固定的，而是关于用户预设的环境参数曲线对称的范围参数带，随时间变化。例如，6:00 ~ 14:00 的室内温度预设值为 26℃，14:00 ~ 20:00 为 25℃，20:00 ~ 6:00 则为 24℃；环境温度偏移值为 0.5℃；则下位机会参照传感器组反馈的环境数据，通过环境控制设备（此处为空调），在对应时间段将环境温度分别控制在相应范围内。这样的设计对于需要精确管理温度的场所，如农业科研、畜牧养殖、体育场馆等，尤其适用，同时，无需使用者实时更改范围参数，方便省事。

进一步，还包括以下步骤。

S8，发现异常环境信息后发送报警信息。

图 4-4-4 为本技术研究提供的环境控制方法的实施例中，发现异常环境信息后发送报警信息的方法的流程示意图。如图所示，具体的，步骤 S8 包括以下子步骤。

S81，若启动用于调节某一环境参数的环境控制设备达到预设的阈值时间后，下位机获取的该环境参数仍然超出范围参数，则生成包括该环境参数，用于调节该环境参数的环境控制设备的启动时间的报警报文。

S82，下位机向服务器发送报警报文。

S83，服务器接收报警报文，向客户端发送报警报文。

S84，服务器记录报警报文。

步骤 S8 及其子步骤提供了报警功能。如果一些意外情况（如起火、漏水、空调损坏等），经过一定时长后（即上述阈值时间），环境参数仍然没有恢复至范围参数内，则本系统向用户发送报警报文，提醒用户及时处理异常情况。

进一步，还包括以下步骤。

S9，服务器记录环境参数。

图 4 - 4 - 5 为本技术研究提供的环境控制方法的实施例中，服务器记录环境参数的方法的流程示意图。如图所示，具体的，步骤 S9 包括以下子步骤。

S91，下位机将传感器组发送的反馈报文发送至服务器。

S92，服务器获取反馈报文中的环境参数。

S93，服务器记录环境参数。

S94，客户端获取服务器的环境参数，绘制环境参数变化曲线。

上述步骤 S9 及其子步骤提供了记录环境参数及其变化情况的方法。进一步，客户端可以获取实时的环境参数。

综上可见，本技术研究提供的环境控制系统及方法，不但提供了用户通过无线网络远程控制环境控制设备的功能，还提供了用户预设范围参数，由下位机自动控制环境控制设备进行环境参数控制的功能；同时，还具备异常情况报警功能。可见，本技术研究提供的环境控制系统及方法适用于场合，尤其适用于对环境参数要求较高的畜牧养殖行业，满足智能养殖的要求，具备较高的实用性。

本技术研究申请了国家发明专利保护，申请号为：2015 1 0347296 9

4.5 一种嵌入有高频鸡个体电子标签的脚环

4.5.1 技术领域

本技术研究涉及家禽育种领域，特别是指一种嵌入有高频鸡个体电子标签的脚环。

4.5.2 背景技术

目前，为饲养的、用于育种的鸡都设置有唯一的个体编码，在现有技术当中，鸡个体使用的是一个带有条形码的长条标签，该长条标签拴在鸡个体的脚上。由于鸡活体个体不断地在生长，其个体的每个部位都随之增大。所以，随着不同生长阶段的鸡个体脚部大小的不断变粗，这就需要重新制作适合的脚环。并且，长条标签上的条形码容易被自然条件如光照以及鸡个体本身的活动等原因破坏，导致无法辨认与使用。

4.5.3 解决方案

有鉴于此，本技术研究的目的在于提出一种嵌入有高频鸡个体电子标签的脚环，能够实现该电子标签伴随育种鸡个体的整个生长过程。

基于上述目的本技术研究提供的一种嵌入有高频鸡个体电子标签的脚环，包括环体、电子标签储藏室、卡扣和卡槽；其中，所述的电子标签储藏室固定连接在所述的环体上；在所述环体上设置有所述的卡扣和卡槽，该卡扣插入到所述的卡槽中，使所述环体呈闭合状态。

可选地，所述的嵌入有高频鸡个体电子标签的脚环还包括挡板，该挡板安装在所述环体上，并且靠近所述卡扣的位置。

进一步地，所述挡板高度为 1~3 毫米。

进一步地，所述挡板高度为 2 毫米。

进一步地，所述挡板向所述卡扣的方向倾斜，并且，与垂直方向的夹角为 10°~20°。

进一步地，所述挡板与垂直方向的夹角为 15°。

进一步地，在所述环体上对称的设置两个所述挡板，并且，一个所述挡板安装在靠近所述卡扣的所述环体上。

可选地，所述的卡槽包括从内到外依次设置在所述环体上的第一卡槽、第二卡槽和第三卡槽，所述卡扣设计为从端点依次增大的 3 个扣；所述第一卡槽中设置的槽对应于所述卡扣端点上的最小扣，即所述卡扣端点上的最小扣能够插扣到所述第一卡槽中，而所述卡扣上比端点上的最小扣大的两个扣无法插扣到所述第一卡槽中；

所述第二卡槽从端点依次设置两个槽，同时，所述第二卡槽从端点依次设置的两个槽分别依次对应于所述卡扣从端点开始的第二个扣、第一个扣；即所述卡扣从端点开始的第一个扣、第二个扣分别对应的插入到所述第二卡槽中最里面的槽和端点处的槽，而所述卡扣上最大的扣无法插扣到所述第二卡槽中；

所述第三卡槽从端点依次设置 3 个槽，同时，所述第三卡槽从端点依次设置的 3 个槽分别依次对应于所述卡扣从端点依次增大的 3 个扣；即所述卡扣上从端点依次增大的 3 个扣分别插入到所述第三卡槽从内到端点的 3 个槽中。

进一步，在所述电子标签储藏室中放置 8K 位 EEPROM 非接触式射频卡芯片 FM11RF08。

从上面所述可以看出，本技术研究提供的一种嵌入有高频鸡个体电子标签的脚环，通过所述的电子标签储藏室固定连接在所述的环体上；在所述环体上设置有所述的卡扣和卡槽，该卡扣插入到所述的卡槽中，使所述环体呈闭合状态。从而，本技术研究所述一种嵌入有高频鸡个体电子标签的脚环能够伴随鸡个体的整个生长过程，而不需要更换，提高了鸡育种过程中个体标识的实际可操作性。

4.5.4　附图说明

图 4 - 5 - 1 为本技术研究实施例一种嵌入有高频鸡个体电子标签的脚环的结构示意图。

图 4 - 5 - 2 为本技术研究实施例卡扣和卡槽的局部放大示意图。

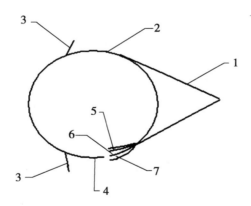

图 4 - 5 - 1　一种嵌入有高频鸡个体电子标签的脚环的结构示意图
1—脚环包括环体　2—电子标签储藏室　3—挡板　4—卡扣
5—第一卡槽　6—第二卡槽　7—第三卡槽

具体实施方式。

为使本技术研究的目的、技术方案和优点更加清楚明白，以下结合具体实施例，并参照附图，对本技术研究进一步详细说明。

参阅图 4 - 5 - 1 所示，为本技术研究实施例一种嵌入有高频鸡个体电子标签的脚环的结构示意图，所述嵌入有高频鸡个体电子标签的脚环包括环体 1、电子标签储藏室 2、卡扣 4 和卡槽。其中，电子标签储藏室 2 固定连接在环体 1 上。在环体 1 上设置有卡扣 4 和卡槽，该卡扣可以插入到所述的卡槽中，从而使环体 1 呈闭合状态。较佳地，为了

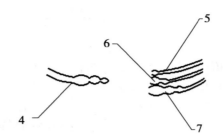

图 4 – 5 – 2　卡扣和卡槽的局部放大示意图
4—卡扣　5—第一卡槽　6—第二卡槽　7—第三卡槽

能够使每个鸡个体具有稳定性较高的电子标签，可以在电子标签储藏室 2 中放置 8K 位 EEPROM 非接触式射频卡芯片 FM11RF08。

　　作为本技术研究的另一个实施例，所述的嵌入有高频鸡个体电子标签的脚环还包括挡板 3。该挡板 3 安装在环体 1 上，并且，靠近卡扣 4 的位置。其中，该挡板 3 高度为 1～3 毫米；较佳地，该挡板 3 高度为 1～1.5 毫米，或者 1.5～2 毫米，或者 2～2.5 毫米，或者 2.5～3 毫米；优选地，该挡板 3 高度为 2 毫米。另外，该挡板 3 向卡扣 4 的方向倾斜，并且与垂直方向的夹角为 10°～20°。较佳地，该挡板 3 与垂直方向的夹角为 10°～15°，或该挡板 3 与垂直方向的夹角为 15°～20°；优选地，该挡板 3 与垂直方向的夹角为 15°。

　　需要说明的是，在本技术研究的实施例中，还可以在环体 1 上设置两个挡板 3，即两个挡板 3 对称的设置在所述的环体 1 上，并且一个挡板 3 安装在靠近所述卡扣 4 的环体 1 上。因此，无论是设置一个挡板 3，还是设置 2 个挡板 3 都是为了在将卡扣 4 与卡槽进行插扣时，按住挡板 3 就能够更为轻松、容易地进行插扣，即造成了阻力；当需要将卡扣 4 与卡槽分离时，与插扣时反方向按住挡板 3，能够容易地将两者分开。

　　在本技术研究的另一个实施例中，所述的卡槽包括从内到外依次设置在环体 1 上的第一卡槽 5、第二卡槽 6 和第三卡槽 7（图 4 – 5 – 1）。可以根据需要将卡扣 4 与卡槽进行插扣，如若是想将环体 1 的环小一些，则可以将卡扣 4 插入到第一卡槽 5 中；若是想将环体 1 的环大一些，则可以选择性地将卡扣 4 插入到第二卡槽 6 或者第三卡槽 7 中。

　　参阅图 4 – 5 – 2 所示，为本技术研究实施例卡扣和卡槽的局部放大示意图，在本技术研究具体的一个实施例中，卡扣 4 设计为从端点依次增大的 3 个扣。并且，第一卡槽 5 中设置的槽对应于卡扣 4 端点上的最小扣；即卡扣 4 端点上的最小扣能够插扣到第一卡槽 5 中，而卡扣 4 上比端点上的最小扣大的两个扣无法插扣到第一卡槽 5 中。第二卡槽 6 从端点依次设置两个槽，同时，第二卡槽 6 从端点依次设置的两个槽分别依次对应于卡扣 4 从端点开始的第二个扣、第一个扣；即卡扣 4 从端点开始的第一个扣、第二个扣分别对应的插入第二卡槽 6 中最里面的槽和端点处的槽，而卡扣 4 上最大的扣无法插扣到第二卡槽 6 中。第三卡槽 7 从端点依次设置 3 个槽，同时第三卡槽 7 从端点依次设置的 3 个槽分别依次对应于卡扣 4 从端点依次增大的 3 个扣；即卡扣 4 上从端点依次增大的 3 个扣分别插入到第三卡槽 7 从内到端点的 3 个槽中。从而，当需要卡扣 4 为较小环时，卡扣 4 可以插入第一卡槽 5 中；当需要卡扣 4 为较大环时，卡扣 4 可以插入第二卡槽 6 或第三卡槽 7 中。

需要说明的是，在此实施例中是设置了 3 个卡槽，相对应的卡扣 4 上设计了大小依次增大的 3 个扣。该设计不仅仅只限于这样的实施例，例如，可以是设置 5 个卡槽，相对应的卡扣 4 上设计了大小依次增大的 5 个扣。

从上面所述可以看出，本技术研究所提供的嵌入有高频鸡个体电子标签的脚环，创造性地将电子标签应用到了鸡养殖当中；并且，将电子标签与鸡个体使用的脚环完美地结合在了一起；同时，根据鸡个体不同生长阶段以及不同的鸡个体，对鸡个体所使用的脚环大小进行调节；不仅使鸡个体脚环的利用率在很大程度上得到了提高，而且还使得鸡个体一生当中只需要这么一个脚环，养殖成本、工作人员的工作量都大幅度地下降；最后，整个所述嵌入有高频鸡个体电子标签的脚环结构简单、设计巧妙、易于使用。

本研究申报了国家专利保护，获得的专利号为：ZL 2014 2 0151920.9

5 附 件

获得的专利清单

序号	专利名称	发明人	专利类型	专利号
奶牛信息感知与精准饲喂相关专利技术				
1	奶牛计步器	熊本海，杨亮，罗远明，罗清尧，庞之洪	实用新型	ZL201420037330.3
2	一种半自动奶牛颈夹	熊本海，潘晓花，杨亮，张江林，王天坤	实用新型	ZL201420488062.7
3	一种犊牛饲喂装置	熊本海，杨振刚，张江林，杨亮，王天坤	实用新型	ZL201420387630.4
4	一种奶牛卧床	熊本海，杨亮，王天坤，罗清尧，许斌	实用新型	ZL201520431437.0
5	一种组合式解剖台	杨振刚，杨亮，熊本海，罗清尧	实用新型	ZL201520083619.3
6	奶牛饲喂料斗	蒋林树，熊本海，曹沛，潘佳一	外观设计	ZL201530333726.2
生猪信息感知与精准饲喂相关专利技术				
6	一种动物体温感知耳标专利	熊本海，杨振刚，杨亮，罗清尧	实用新型	ZL201420723794.X
7	一种种猪性能测定装置	熊本海，杨亮，曹沛，王明利	实用新型	ZL201520332693.4
8	一种用于猪消化代谢试验的装置	熊本海，杨亮，唐湘芳，罗清尧	实用新型	ZL201420069099.6
9	防堵锥帽及防堵饲料罐	杨亮，熊本海，曹沛，王明利	实用新型	ZL201520332692.X
10	一种肥育猪精确饲喂装置	熊本海，杨亮，曹沛，潘晓花，王明利	实用新型	ZL201520434809.5
11	分拣装置	熊本海，罗清尧，杨亮，吕健强，庞之洪	实用新型	ZL201320844387.X
12	饲喂站	熊本海，曹沛，杨亮，罗清尧，王海峰，潘晓花	发明专利	ZL201410273446.1
13	用于饲喂哺乳母猪的下料装置	杨亮，熊本海，曹沛，潘晓花，王海峰	实用新型	ZL201420339945.1
畜产品溯源相关专利技术				
14	一种家畜无源超高频电子耳标	杨亮，熊本海，罗清尧，庞之洪，吕健强	实用新型	ZL2013 2001 6512.8
15	一种畜禽胴体有源超高频电子标签	熊本海，傅润亭，林兆辉，罗清尧，庞之洪，杨亮	实用新型	ZL 2010 2 0180988.1
16	一种畜禽胴体条码标签	熊本海，罗清尧，杨亮，庞之洪	实用新型	ZL2012 2048 7788.X
17	一种平面式超高频RFID阅读器	傅润亭，熊本海，林兆辉，耿直，罗清尧，杨亮	实用新型	ZL 2009 2 014879.2

（续表）

序号	专利名称	发明人	专利类型	专利号
18	一种畜产品溯源打码装置	熊本海，杨振刚，杨亮，潘晓花，魏守江	实用新型	ZL201420390281.1
其他相关专利技术				
19	水禽饲喂装置	熊本海，杨亮，罗清尧	实用新型	ZL201320890470.0
20	鸡舍供水系统	陈继兰，孙妍妍，李云雷	实用新型	ZL 2015 2 0257104.0
21	一种满足鸡生长发育和产蛋需求的节能光照系统	孙妍妍，陈继兰，杨亮，罗清尧	实用新型	ZL2014 2045 5961.7
22	一种嵌入有高频鸡个体电子标签的脚环	罗清尧，陈继兰，熊本海，杨亮	实用新型	ZL201420151920.9

（一）奶牛信息感知与精准饲喂相关专利技术

奶牛计步器

证 书 号 第 3691455 号

实用新型专利证书

实用新型名称：奶牛计步器

发 明 人：熊本海；杨亮；罗远明；罗清尧；庞之洪

专 利 号：ZL 2014 2 0037330.3

专利申请日：2014 年 01 月 16 日

专 利 权 人：中国农业科学院北京畜牧兽医研究所

授权公告日：2014 年 07 月 16 日

　　本实用新型经过本局依照中华人民共和国专利法进行初步审查，决定授予专利权，颁发本证书并在专利登记簿上予以登记。专利权自授权公告之日起生效。

　　本专利的专利权期限为十年，自申请日起算。专利权人应当依照专利法及其实施细则规定缴纳年费。本专利的年费应当在每年 01 月 16 日前缴纳。未按照规定缴纳年费的，专利权自应当缴纳年费期满之日起终止。

　　专利证书记载专利权登记时的法律状况。专利权的转移、质押、无效、终止、恢复和专利权人的姓名或名称、国籍、地址变更等事项记载在专利登记簿上。

局长
申长雨

2014 年 07 月 16 日

第 1 页（共 1 页）

一种半自动奶牛颈夹

证书号 第4011967号

实用新型专利证书

实用新型名称：一种半自动奶牛颈夹

发 明 人：熊本海；潘晓花；杨亮；张江林；王天坤

专 利 号：ZL 2014 2 0488062.7

专利申请日：2014年08月27日

专 利 权 人：中国农业科学院北京畜牧兽医研究所

授权公告日：2014年12月24日

　　本实用新型经过本局依照中华人民共和国专利法进行初步审查，决定授予专利权，颁发本证书并在专利登记簿上予以登记。专利权自授权公告之日起生效。

　　本专利的专利权期限为十年，自申请日起算。专利权人应当依照专利法及其实施细则规定缴纳年费。本专利的年费应当在每年08月27日前缴纳。未按照规定缴纳年费的，专利权自应当缴纳年费期满之日起终止。

　　专利证书记载专利权登记时的法律状况。专利权的转移、质押、无效、终止、恢复和专利权人的姓名或名称、国籍、地址变更等事项记载在专利登记簿上。

局长
申长雨

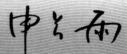

第 1 页 (共 1 页)

一种犊牛饲喂装置

证书号第 4052457 号

实用新型专利证书

实用新型名称：一种犊牛饲喂装置

发 明 人：熊本海;杨振刚;张江林;杨亮;王天坤

专 利 号：ZL 2014 2 0387630.4

专利申请日：2014 年 07 月 14 日

专 利 权 人：中国农业科学院北京畜牧兽医研究所
阳信亿利源清真肉类有限公司

授权公告日：2015 年 01 月 07 日

　　本实用新型经过本局依照中华人民共和国专利法进行初步审查，决定授予专利权，颁发本证书并在专利登记簿上予以登记。专利权自授权公告之日起生效。

　　本专利的专利权期限为十年，自申请日起算。专利权人应当依照专利法及其实施细则规定缴纳年费。本专利的年费应当在每年 07 月 14 日前缴纳。未按照规定缴纳年费的，专利权自应当缴纳年费期满之日起终止。

　　专利证书记载专利权登记时的法律状况。专利权的转移、质押、无效、终止、恢复和专利权人的姓名或名称、国籍、地址变更等事项记载在专利登记簿上。

局长
申长雨

2015 年 01 月 07 日

第 1 页 (共 1 页)

一种奶牛卧床

证书号 第 4689278 号

实用新型专利证书

实用新型名称：一种奶牛卧床

发 明 人：熊本海;杨亮;王天坤;罗清尧;许斌

专 利 号：ZL 2015 2 0431437.0

专利申请日：2015 年 06 月 19 日

专 利 权 人：中国农业科学院北京畜牧兽医研究所

授权公告日：2015 年 10 月 21 日

　　本实用新型经过本局依照中华人民共和国专利法进行初步审查，决定授予专利权、颁发本证书并在专利登记簿上予以登记。专利权自授权公告之日起生效。

　　本专利的专利权期限为十年，自申请日起算。专利权人应当依照专利法及其实施细则规定缴纳年费。本专利的年费应当在每年 06 月 19 日前缴纳。未按照规定缴纳年费的，专利权自应当缴纳年费期满之日起终止。

　　专利证书记载专利权登记时的法律状况。专利权的转移、质押、无效、终止、恢复和专利权人的姓名或名称、国籍、地址变更等事项记载在专利登记簿上。

局长
申长雨

2015 年 10 月 21 日

第 1 页 (共 1 页)

一种组合式解剖台

实用新型专利证书

实用新型名称：一种组合式解剖台

发　明　人：杨振刚;杨亮;熊本海;罗清尧

专　利　号：ZL 2015 2 0083619.3

专利申请日：2015 年 02 月 05 日

专 利 权 人：阳信亿利源清真肉类有限公司
　　　　　　中国农业科学院北京畜牧兽医研究所

授权公告日：2015 年 08 月 05 日

　　本实用新型经过本局依照中华人民共和国专利法进行初步审查，决定授予专利权、颁发本证书并在专利登记簿上予以登记。专利权自授权公告之日起生效。

　　本专利的专利权期限为十年，自申请日起算。专利权人应当依照专利法及其实施细则规定缴纳年费。本专利的年费应当在每年 02 月 05 日前缴纳。未按照规定缴纳年费的，专利权自应当缴纳年费期满之日起终止。

　　专利证书记载专利权登记时的法律状况。专利权的转移、质押、无效、终止、恢复和专利权人的姓名或名称、国籍、地址变更等事项记载在专利登记簿上。

局长
申长雨

2015 年 08 月 05 日

第 1 页 (共 1 页)

奶牛饲喂料斗

证书号 第 3530419 号

外观设计专利证书

外观设计名称：奶牛饲喂料斗

设　计　人：蒋林树;杨亮;熊本海;曹沛;潘佳一

专　利　号：ZL 2015 3 0333726.2

专利申请日：2015 年 09 月 01 日

专 利 权 人：北京农学院;中国农业科学院北京畜牧兽医研究所

授权公告日：2015 年 12 月 23 日

　　本外观设计经过本局依照中华人民共和国专利法进行初步审查，决定授予专利权，颁发本证书并在专利登记簿上予以登记，专利权自授权公告之日起生效。

　　本专利的专利权期限为十年，自申请日起算，专利权人应当依照专利法及其实施细则规定缴纳年费。本专利的年费应当在每年 09 月 01 日前缴纳。未按照规定缴纳年费的，专利权自应当缴纳年费期满之日起终止。

　　专利证书记载专利权登记时的法律状况。专利权的转移、质押、无效、终止、恢复和专利权人的姓名或名称、国籍、地址变更等事项记载在专利登记簿上。

局长
申长雨

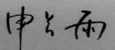

第 1 页（共 1 页）

（二）生猪信息感知与精准饲喂相关专利技术

一种动物体温检测耳标

证书号 第4347020号

实用新型专利证书

实用新型名称：一种动物体温感知耳标

发 明 人：熊本海;杨振刚;杨亮;罗清尧

专 利 号：ZL 2014 2 0723794.X

专利申请日：2014 年 11 月 26 日

专 利 权 人：阳信亿利源清真肉类有限公司
中国农业科学院北京畜牧兽医研究所

授权公告日：2015 年 06 月 03 日

　　本实用新型经过本局依照中华人民共和国专利法进行初步审查，决定授予专利权，颁发本证书并在专利登记簿上予以登记。专利权自授权公告之日起生效。

　　本专利的专利权期限为十年、自申请日起算。专利权人应当依照专利法及其实施细则规定缴纳年费。本专利的年费应当在每年 11 月 26 日前缴纳。未按照规定缴纳年费的，专利权自应当缴纳年费期满之日起终止。

　　专利证书记载专利权登记时的法律状况。专利权的转移、质押、无效、终止、恢复和专利权人的姓名或名称、国籍、地址变更等事项记载在专利登记簿上。

局长
申长雨

2015 年 06 月 03 日

第 1 页 (共 1 页)

· 185 ·

一种种猪性能测定装置

证书号 第4632244号

实用新型专利证书

实用新型名称：一种种猪性能测定装置

发　明　人：熊本海;杨亮;曹沛;王明利

专　利　号：ZL 2015 2 0332693.4

专利申请日：2015 年 05 月 21 日

专 利 权 人：中国农业科学院北京畜牧兽医研究所
　　　　　　　河南南商农牧科技有限公司

授权公告日：2015 年 09 月 23 日

　　本实用新型经过本局依照中华人民共和国专利法进行初步审查，决定授予专利权，颁发本证书并在专利登记簿上予以登记。专利权自授权公告之日起生效。

　　本专利的专利权期限为十年，自申请日起算。专利权人应当依照专利法及其实施细则规定缴纳年费。本专利的年费应当在每年 05 月 21 日前缴纳。未按照规定缴纳年费的，专利权自应当缴纳年费期满之日起终止。

　　专利证书记载专利权登记时的法律状况。专利权的转移、质押、无效、终止、恢复和专利权人的姓名或名称、国籍、地址变更等事项记载在专利登记簿上。

局长
申长雨

2015 年 09 月 23 日

一种用于猪消化代谢试验的装置

证 书 号 第 3732751 号

实用新型专利证书

实用新型名称：一种用于猪消化代谢试验的装置

发 明 人：熊本海;杨亮;唐湘芳;罗清尧

专 利 号：ZL 2014 2 0069099.6

专利申请日：2014 年 02 月 17 日

专 利 权 人：中国农业科学院北京畜牧兽医研究所

授权公告日：2014 年 08 月 06 日

　　本实用新型经过本局依照中华人民共和国专利法进行初步审查，决定授予专利权，颁发本证书并在专利登记簿上予以登记。专利权自授权公告之日起生效。

　　本专利的专利权期限为十年，自申请日起算。专利权人应当依照专利法及其实施细则规定缴纳年费。本专利的年费应当在每年 02 月 17 日前缴纳。未按照规定缴纳年费的，专利权自应当缴纳年费期满之日起终止。

　　专利证书记载专利权登记时的法律状况。专利权的转移、质押、无效、终止、恢复和专利权人的姓名或名称、国籍、地址变更等事项记载在专利登记簿上。

局长
申长雨

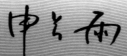

2014 年 08 月 06 日

第 1 页 (共 1 页)

防堵锥帽及防堵饲料罐

证书号 第4614589号

实用新型专利证书

实用新型名称：防堵锥帽及防堵饲料罐

发 明 人：杨亮;熊本海;曹沛;王明利

专 利 号：ZL 2015 2 0332692.X

专利申请日：2015年05月21日

专 利 权 人：中国农业科学院北京畜牧兽医研究所

授权公告日：2015年09月16日

　　本实用新型经过本局依照中华人民共和国专利法进行初步审查，决定授予专利权，颁发本证书并在专利登记簿上予以登记。专利权自授权公告之日起生效。

　　本专利的专利权期限为十年，自申请日起算。专利权人应当依照专利法及其实施细则规定缴纳年费。本专利的年费应当每年05月21日前缴纳，未按照规定缴纳年费的，专利权自应当缴纳年费期满之日起终止。

　　专利证书记载专利权登记时的法律状况。专利权的转移、质押、无效、终止、恢复和专利权人的姓名或名称、国籍、地址变更等事项记载在专利登记簿上。

局长
申长雨

2015年09月16日

第1页（共1页）

一种育肥猪精确饲喂装置

证书号第4691982号

实用新型专利证书

实用新型名称：一种育肥猪精确饲喂装置

发 明 人：熊本海；杨亮；曹沛；潘晓花；王明利

专 利 号：ZL 2015 2 0434809.5

专利申请日：2015年06月23日

专 利 权 人：中国农业科学院北京畜牧兽医研究所
河南南商农牧科技有限公司

授权公告日：2015年10月21日

　　本实用新型经过本局依照中华人民共和国专利法进行初步审查，决定授予专利权，颁发本证书并在专利登记簿上予以登记。专利权自授权公告之日起生效。

　　本专利的专利权期限为十年，自申请日起算。专利权人应当依照专利法及其实施细则规定缴纳年费。本专利的年费应当在每年06月23日前缴纳。未按照规定缴纳年费的，专利权自应当缴纳年费期满之日起终止。

　　专利证书记载专利权登记时的法律状况。专利权的转移、质押、无效、终止、恢复和专利权人的姓名或名称、国籍、地址变更等事项记载在专利登记簿上。

局长
申长雨

2015 年 10 月 21 日

第 1 页 (共 1 页)

分拣装置

证 书 号 第 3582329 号

实用新型专利证书

实用新型名称：分拣装置

发 明 人：熊本海;罗清尧;杨亮;吕健强;庞之洪

专 利 号：ZL 2013 2 0844387. X

专利申请日：2013 年 12 月 19 日

专 利 权 人：中国农业科学院北京畜牧兽医研究所

授权公告日：2014 年 05 月 21 日

　　本实用新型经过本局依照中华人民共和国专利法进行初步审查，决定授予专利权，颁发本证书并在专利登记簿上予以登记。专利权自授权公告之日起生效。

　　本专利的专利权期限为十年，自申请日起算。专利权人应当依照专利法及其实施细则规定缴纳年费。本专利的年费应当在每年 12 月 19 日前缴纳。未按照规定缴纳年费的，专利权自应当缴纳年费期满之日起终止。

　　专利证书记载专利权登记时的法律状况。专利权的转移、质押、无效、终止、恢复和专利权人的姓名或名称、国籍、地址变更等事项记载在专利登记簿上。

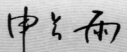

局长
申长雨

2014 年 05 月 21 日

第 1 页(共 1 页)

饲喂站

证书号第1820323号

发 明 专 利 证 书

发 明 名 称：饲喂站

发 明 人：熊本海；曹沛；杨亮；罗清尧；王海峰；潘晓花

专 利 号：ZL 2014 1 0273446.1

专利申请日：2014 年 06 月 18 日

专 利 权 人：中国农业科学院北京畜牧兽医研究所

授权公告日：2015 年 10 月 21 日

　　本发明经过本局依照中华人民共和国专利法进行审查，决定授予专利权，颁发本证书并在专利登记簿上予以登记。专利权自授权公告之日起生效。

　　本专利的专利权期限为二十年，自申请日起算。专利权人应当依照专利法及其实施细则规定缴纳年费。本专利的年费应当在每年 06 月 18 日前缴纳。未按照规定缴纳年费的，专利权自应当缴纳年费期满之日起终止。

　　专利证书记载专利权登记时的法律状况。专利权的转移、质押、无效、终止、恢复和专利权人的姓名或名称、国籍、地址变更等事项记载在专利登记簿上。

局长
申长雨

2015 年 10 月 21 日

第 1 页（共 1 页）

用于饲喂哺乳母猪的下料装置

证书号第 3915071 号

实用新型专利证书

实用新型名称：用于饲喂哺乳母猪的下料装置

发　明　人：杨亮;熊本海;曹沛;潘晓花;王海峰

专　利　号：ZL 2014 2 0339945.1

专利申请日：2014 年 06 月 24 日

专　利　权　人：中国农业科学院北京畜牧兽医研究所

授权公告日：2014 年 11 月 12 日

　　本实用新型经过本局依照中华人民共和国专利法进行初步审查，决定授予专利权，颁发本证书并在专利登记簿上予以登记。专利权自授权公告之日起生效。

　　本专利的专利权期限为十年，自申请日起算。专利权人应当依照专利法及其实施细则规定缴纳年费。本专利的年费应当在每年 06 月 24 日前缴纳。未按照规定缴纳年费的，专利权自应当缴纳年费期满之日起终止。

　　专利证书记载专利权登记时的法律状况。专利权的转移、质押、无效、终止、恢复和专利权人的姓名或名称、国籍、地址变更等事项记载在专利登记簿上。

局长
申长雨

2014 年 11 月 12 日

第 1 页 (共 1 页)

（三）畜产品溯源相关专利技术

一种家畜无源超高频电子耳标

证书号第 3170793 号

实用新型专利证书

实用新型名称：一种家畜无源超高频电子耳标

发　明　人：杨亮；熊本海；罗清尧；庞之洪；吕健强

专　利　号：ZL 2013 2 0016512.8

专利申请日：2013 年 01 月 14 日

专　利　权　人：中国农业科学院北京畜牧兽医研究所

授权公告日：2013 年 09 月 18 日

　　本实用新型经过本局依照中华人民共和国专利法进行初步审查，决定授予专利权，颁发本证书并在专利登记簿上予以登记。专利权自授权公告之日起生效。

　　本专利的专利权期限为十年，自申请日起算。专利权人应当依照专利法及其实施细则规定缴纳年费。本专利的年费应当在每年 01 月 14 日前缴纳。未按照规定缴纳年费的，专利权自应当缴纳年费期满之日起终止。

　　专利证书记载专利权登记时的法律状况。专利权的转移、质押、无效、终止、恢复和专利权人的姓名或名称、国籍、地址变更等事项记载在专利登记簿上。

局长 田力普

2013 年 09 月 18 日

第 1 页（共 1 页）

一种畜禽胴体有源超高频电子标签

实用新型专利证书

证 书 号 第 1604161 号

实用新型名称：一种畜禽胴体有源超高频电子标签

发 明 人：熊本海；傅润亭；林兆辉；罗清尧；庞之洪；杨亮

专 利 号：ZL 2010 2 0180988.1

专利申请日：2010 年 05 月 06 日

专 利 权 人：中国农业科学院北京畜牧兽医研究所
　　　　　　天津市畜牧业发展服务中心

授权公告日：2010 年 11 月 24 日

　　本实用新型经过本局依照中华人民共和国专利法进行初步审查，决定授予专利权，颁发本证书并在专利登记簿上予以登记。专利权自授权公告之日起生效。

　　本专利的专利权期限为十年，自申请日起算。专利权人应当依照专利法及其实施细则规定缴纳年费。本专利的年费应当在每年 05 月 06 日前缴纳。未按照规定缴纳年费的，专利权自应当缴纳年费期满之日起终止。

　　专利证书记载专利权登记时的法律状况。专利权的转移、质押、无效、终止、恢复和专利权人的姓名或名称、国籍、地址变更等事项记载在专利登记簿上。

局长　田力普

2010 年 11 月 24 日

第 1 页 (共 1 页)

一种畜禽胴体条码标签

实用新型专利证书

实用新型名称：一种畜禽胴体条码标签

发　明　人：熊本海；罗清尧；杨亮；庞之洪

专　利　号：ZL 2012 2 0487788.X

专利申请日：2012 年 09 月 24 日

专　利　权　人：中国农业科学院北京畜牧兽医研究所

授权公告日：2013 年 03 月 06 日

　　本实用新型经过本局依照中华人民共和国专利法进行初步审查，决定授予专利权，颁发本证书并在专利登记簿上予以登记。专利权自授权公告之日起生效。

　　本专利的专利权期限为十年，自申请日起算。专利权人应当依照专利法及其实施细则规定缴纳年费。本专利的年费应当在每年 09 月 24 日前缴纳。未按照规定缴纳年费的，专利权自应当缴纳年费期满之日起终止。

　　专利证书记载专利权登记时的法律状况，专利权的转移、质押、无效、终止、恢复和专利权人的姓名或名称、国籍、地址变更等事项记载在专利登记簿上。

局长　田力普

2013 年 03 月 06 日

第 1 页（共 1 页）

一种平面式超高频 RFID 阅读器

证 书 号第1338378号

实用新型专利证书

实用新型名称：一种平面式超高频RFID阅读器

发 明 人：付润亭;熊本海;林兆辉;耿直;罗清尧;杨亮

专 利 号：ZL 2009 2 0148790.2

专利申请日：2009年3月30日

专 利 权 人：天津市畜牧业发展服务中心;中国农业科学院北京畜牧兽医研究所

授权公告日：2010年1月13日

　　本实用新型经过本局依照中华人民共和国专利法进行初步审查，决定授予专利权，颁发本证书并在专利登记簿上予以登记。专利权自授权公告之日起生效。

　　本专利的专利权期限为十年，自申请日起算。专利权人应当依照专利法及其实施细则规定缴纳年费。缴纳本专利年费的期限是每年3月30日前一个月内。未按照规定缴纳年费的，专利权自应当缴纳年费期满之日起终止。

　　专利证书记载专利权登记时的法律状况。专利权的转移、质押、无效、终止、恢复和专利权人的姓名或名称、国籍、地址变更等事项记载在专利登记簿上。

局长　田力普

2010年1月13日

第 1 页（共 1 页）

一种畜产品溯源打码装置

证 书 号 第 4042790 号

实用新型专利证书

实用新型名称：一种畜产品溯源打码装置

发　明　人：熊本海;杨振刚;杨亮;潘晓花;魏守江

专　利　号：ZL 2014 2 0390281.1

专利申请日：2014 年 07 月 15 日

专　利　权　人：中国农业科学院北京畜牧兽医研究所
　　　　　　　　阳信亿利源清真肉类有限公司

授权公告日：2014 年 12 月 31 日

　　本实用新型经过本局依照中华人民共和国专利法进行初步审查，决定授予专利权，颁发本证书并在专利登记簿上予以登记。专利权自授权公告之日起生效。

　　本专利的专利权期限为十年，自申请日起算。专利权人应当依照专利法及其实施细则规定缴纳年费。本专利的年费应当在每年 07 月 15 日前缴纳。未按照规定缴纳年费的，专利权自应当缴纳年费期满之日起终止。

　　专利证书记载专利权登记时的法律状况。专利权的转移、质押、无效、终止、恢复和专利权人的姓名或名称、国籍、地址变更等事项记载在专利登记簿上。

局长
申长雨

2014 年 12 月 31 日

第 1 页 (共 1 页)

（四）其他相关专利技术

水禽饲喂装置

实用新型专利证书

证书号 第3652384号

实用新型名称：水禽饲喂装置

发　明　人：熊本海;杨亮;罗清尧

专　利　号：ZL 2013 2 0890470.0

专利申请日：2013 年 12 月 31 日

专利权人：中国农业科学院北京畜牧兽医研究所

授权公告日：2014 年 07 月 02 日

　　本实用新型经过本局依照中华人民共和国专利法进行初步审查，决定授予专利权，颁发本证书并在专利登记簿上予以登记。专利权自授权公告之日起生效。

　　本专利的专利权期限为十年，自申请日起算。专利权人应当依照专利法及其实施细则规定缴纳年费。本专利的年费应当在每年 12 月 31 日前缴纳。未按照规定缴纳年费的，专利权自应当缴纳年费期满之日起终止。

　　专利证书记载专利权登记时的法律状况。专利权的转移、质押、无效、终止、恢复和专利权人的姓名或名称、国籍、地址变更等事项记载在专利登记簿上。

局长
申长雨

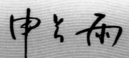

第 1 页 (共 1 页)

鸡舍供水系统

实用新型专利证书

实用新型名称：鸡舍供水系统

发 明 人：陈继兰；孙研研；李云雷；罗青尧

专 利 号：ZL 2015 2 0257104.0

专利申请日：2015 年 04 月 24 日

专 利 权 人：中国农业科学院北京畜牧兽医研究所

授权公告日：2015 年 08 月 12 日

　　本实用新型经过本局依照中华人民共和国专利法进行初步审查，决定授予专利权，颁发本证书并在专利登记簿上予以登记。专利权自授权公告之日起生效。

　　本专利的专利权期限为十年，自申请日起算。专利权人应当依照专利法及其实施细则规定缴纳年费。本专利的年费应当在每年 04 月 24 日前缴纳。未按照规定缴纳年费的，专利权自应当缴纳年费期满之日起终止。

　　专利证书记载专利权登记时的法律状况。专利权的转移、质押、无效、终止、恢复和专利权人的姓名或名称、国籍、地址变更等事项记载在专利登记簿上。

局长
申长雨

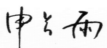

第 1 页 (共 1 页)

一种满足鸡生长发育和产蛋需求的节能光照系统

证书号第 4053679 号

实用新型专利证书

实用新型名称：一种满足鸡生长发育和产蛋需求的节能光照系统

发 明 人：孙研研;陈继兰;杨亮;罗清尧

专 利 号：ZL 2014 2 0455961.7

专利申请日：2014 年 08 月 12 日

专 利 权 人：中国农业科学院北京畜牧兽医研究所

授权公告日：2015 年 01 月 07 日

  本实用新型经过本局依照中华人民共和国专利法进行初步审查，决定授予专利权，颁发本证书并在专利登记簿上予以登记。专利权自授权公告之日起生效。

  本专利的专利权期限为十年，自申请日起算。专利权人应当依照专利法及其实施细则规定缴纳年费。本专利的年费应当在每年 08 月 12 日前缴纳。未按照规定缴纳年费的，专利权自应当缴纳年费期满之日起终止。

  专利证书记载专利权登记时的法律状况。专利权的转移、质押、无效、终止、恢复和专利权人的姓名或名称、国籍、地址变更等事项记载在专利登记簿上。

局长
申长雨

2015 年 01 月 07 日

第 1 页 (共 1 页)

一种嵌入有高频鸡个体电子标签的脚环

证书号 第3892896号

实用新型专利证书

实用新型名称：一种嵌入有高频鸡个体电子标签的脚环

发 明 人：罗清尧;陈继兰;熊本海;杨亮

专 利 号：ZL 2014 2 0151920.9

专利申请日：2014年03月31日

专 利 权 人：中国农业科学院北京畜牧兽医研究所

授权公告日：2014年11月05日

　　本实用新型经过本局依照中华人民共和国专利法进行初步审查，决定授予专利权，颁发本证书并在专利登记簿上予以登记。专利权自授权公告之日起生效。

　　本专利的专利权期限为十年，自申请日起算。专利权人应当依照专利法及其实施细则规定缴纳年费。本专利的年费应当在每年03月31日前缴纳，未按照规定缴纳年费的，专利权自应当缴纳年费期满之日起终止。

　　专利证书记载专利权登记时的法律状况。专利权的转移、质押、无效、终止、恢复和专利权人的姓名或名称、国籍、地址变更等事项记载在专利登记簿上。

局长
申长雨

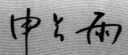

2014年11月05日

第1页(共1页)